Band 21 · Oktober 1985 10

isotopenpraxis

AKADEMIE-VERLAG

ISSN 0021-1915 Isotopenpraxis, Berlin 21 (1985) 10, 337–372

EVP 9,– M

ISOTOPENPRAXIS

begründet von J. Mühlenpfordt und C. F. Weiss

An unsere Autoren

Die Zeitschrift veröffentlicht Beiträge zu folgenden Themen: Kontrolle und Analyse radioaktiver und stabiler Isotope, Anwendung radioaktiver und stabiler Isotope in allen Gebieten der Forschung und Technik, der Industrie, Landwirtschaft und Medizin, Herstellung radioaktiver und stabiler Isotope sowie von markierten Verbindungen, kernelektronische Geräte für die Isotopenanwendung (Dickenmesser, Dichtemesser u. ä.) Detektoren für isotopentechnische Arbeiten und den Strahlenschutz in Isotopenlaboratorien, Meßtechnik und Strahlenschutz, Dosimetrie in Isotopenlaboratorien, kerntechnische Geräte für die Isotopenanwendung (Beton, Bestrahlungsanlagen u. ä.), Strahlenchemie, Radiochemie, ökonomische und perspektivische Fragen, Fragen der Weiterbildung.

1. Aufnahme von Manuskripten

Zur Veröffentlichung angenommen werden nur druckreife, noch nicht anderweitig publizierte Beiträge in deutscher, englischer oder russischer Sprache zum Themenbereich der Zeitschrift und zwar

Originalarbeiten
Kurze Mitteilungen
Aus der Praxis
Zusammenfassende Berichte
Tagungsberichte
Informationen.

Sind der Beitrag oder Teile daraus bereits veröffentlicht oder ist eine anderweitige Veröffentlichung vorgesehen, so muß dies der Redaktion mit genauer Angabe der Zweitveröffentlichung mitgeteilt werden. Mit der Annahme des Manuskriptes behält sich der Verlag das Recht der Vervielfältigung, Verbreitung und Übersetzung innerhalb der gesetzlichen Schutzfrist vor. Auszugsweiser Nachdruck oder photomechanische u. a. Wiedergabe sind an eine schriftliche Genehmigung des Verlages gebunden. Manuskripte, Zeichnungen und Photos von veröffentlichten Arbeiten werden nur auf den besonderen und bis zum Zeitpunkt der Veröffentlichung mitgeteilten Wunsch des Autors zurückgesandt.
Bei der unverlangten Einreichung von Manuskripten wird empfohlen, eine Befürwortung eines der Herausgeber oder Redaktionsausschußmitglieder beizufügen.
Manuskripte sind einzureichen bei der Redaktion, 1086 Berlin, Leipziger Str. 3–4.

2. Form der Manuskripte

Die Autoren werden gebeten:
2 Manuskripte, eines davon in Original-Maschinenschrift, einseitig und mit 2zeiligem Abstand einzureichen; gut leserliche Photokopien sind zulässig; auf dem 1. Blatt (unter Weglassung der Bezeichnung)
den Titel der Arbeit
Vorname-Initialen und Namen sämtlicher Autoren
gegebenenfalls die Institution, in der sie tätig sind
eine kurze Zusammenfassung der Arbeit von höchstens 15 Zeilen
Keywords in alphabetischer Reihenfolge und
als Fußnote die Anschrift der Institution anzugeben;
wenn möglich, auf gesonderten Blättern Namen, Titel der Arbeit und Zusammenfassung in den beiden anderen obengenannten Sprachen 2fach beizufügen;
Literaturhinweise (fortlaufend numeriert), Fußnoten, Tabellen, Abbildungen (in 2–3facher Veröffentlichungsgröße), Abbildungsunterschriften (getrennt von den Abbildungen mit Zeichenerklärungen, Quellenangaben, falls erforderlich, und gegebenenfalls mit einem Vermerk für besondere Wünsche bezüglich der Abbildungsgröße), private und Dienstanschrift der Verfasser mit akademischen Titeln und ausgeschriebenen Vornamen auf besonderen Blättern ans Ende des Manuskriptes zu stellen;
Wünsche für den Kolumnentitel (Seitenüberschrift) bekanntzugeben;
Absätze durch Einzüge von mindestens 3 Anschlägen kenntlich zu machen; die Maßeinheiten des SI-Systems („Systeme International") zu verwenden; Korrekturen im Manuskript unmittelbar an der zu korrigierenden Stelle anzubringen;
Formeln deutlich lesbar und möglichst groß einzutragen;
Farbabbildungen und nachträgliche Änderungen oder Ergänzungen in Abbildungen zu vermeiden;
hervorzuhebende Textstellen zu unterstreichen, und zwar halbfetten Satz mit einer geraden schwarzen Linie, kursiven Satz (Schrägschrift) mit einer blauen Wellenlinie (alle Eigennamen). Sperrungen gestrichelt;
besondere Buchstaben durch farbige Unterstreichung zu kennzeichnen, und zwar Formelzeichen in

Griechisch-Kursiv ($\alpha, \beta, \ldots$) rot,
Kursiv ($A, B, \ldots$) blau
halbfetter Kursiv ($\boldsymbol{A}, \boldsymbol{B}, \ldots$) 2 Linien blau (Vektoren),
halbfetter Grotesk (**A, B**, ...) 2 Linien violett (Tensoren);

bei Literaturangaben auf Vollständigkeit zu achten. In nachstehender Reihenfolge müssen angegeben sein:

a) bei *Zeitschriften*: Vorname-Initialen und Namen sämtlicher Autoren, Titel der Zeitschrift (nach „Periodica Chimica" oder möglichst wenig gekürzt), Bandnummer (unterstrichen), Jahreszahl (in Klammern) Heftnummer (nur bei Zeitschriften, die jedes Heft mit S. 1 beginnen) sowie die Seitenzahl, auf der die zitierte Arbeit beginnt.

b) bei *Büchern*: Initialen der Vornamen und Name des Autors (Herausgeber werden durch den Zusatz „ed." gekennzeichnet), voll ausgeschriebener Tite des Buches in der Originalsprache, evtl. Bandnummer, voll ausgeschriebener Name des Verlages, Nummer der Auflage (außer der ersten), Erscheinungsort(e), Erscheinungsjahr (hier nicht in Klammern setzen!) und evtl. Kapitelnummer, Seitenzahl u. ä.

c) bei *Sammelbänden, Tagungsberichten*: Es soll zusätzlich der Titel des zitierten Beitrags angegeben werden. Die Seitenzahl muß unbedingt angegeben werden. Aus dem Zitat muß hervorgehen, ob es sich um einen Tagungssammelband oder um einen noch nicht veröffentlichten Vortrag handelt. Zwischen Tagungsort und Erscheinungsort des entsprechenden Tagungsberichts ist zu unterscheiden.

3. Korrekturen

Der Autor erhält zwei Umbruchabzüge, von denen einer möglichst schnell korrigiert an die Redaktion zurückgereicht werden soll. Auf Wunsch des Autors kann die Korrektur auch von der Redaktion gelesen werden.

Durch nachträgliche Manuskriptänderungen verursachte Korrekturkosten gehen, sofern sie 10% der Satzkosten übersteigen, zu Lasten des Autors.

Der Autor erhält 50 Sonderdrucke kostenlos. Weitere Sonderdrucke können bis zur Rückgabe der Korrekturabzüge auf Kosten des Autors bei der Redaktion bestellt werden.

Bezugsmöglichkeiten

Bestellungen sind zu richten

- **in der DDR** an den Postzeitungsvertrieb unter Angabe der Kundennummer des Bestellenden oder an den AKADEMIE-VERLAG BERLIN, DDR-1086 Berlin, Leipziger Straße 3–4, PF-Nr. 1233;
- **im sozialistischen Ausland** an eine Buchhandlung für fremdsprachige Literatur oder an den zuständigen Postzeitungsvertrieb;
- **in der BRD und Berlin(West)** an eine Buchhandlung oder an die Auslieferungsstelle KUNST UND WISSEN, Erich Bieber OHG, Wilhelmstraße 4–6, D-7000 Stuttgart 1;
- **in den übrigen westeuropäischen Ländern** an eine Buchhandlung oder an die Auslieferungsstelle KUNST UND WISSEN, Erich Bieber GmbH, Dufourstraße 51, CH-8008 Zürich;
- **im übrigen Ausland** an den Internationalen Buch- und Zeitschriftenhandel; den Buchexport Volkseigener Außenhandelsbetrieb der Deutschen Demokratischen Republik, DDR-7010 Leipzig, Postfach 160; oder an den AKADEMIE-VERLAG BERLIN, DDR-1086 Berlin, Leipziger Straße 3–4.

Zeitschrift „Isotopenpraxis"

Herausgeber: Zentralinstitut für Isotopen- und Strahlenforschung der Akademie der Wissenschaften der DDR.
Verlag: Akademie-Verlag Berlin, DDR-1086 Berlin, Leipziger Straße 3–4, PF-Nr. 1233; Fernruf: 2236221 oder 2236229; Telex-Nr.: 114420;
Bank: Staatsbank der DDR, Berlin, Kto.-Nr.: 6836-26-20712.
Chefredakteur: Prof. Dr. H. Hübner, Leipzig.
Anschrift der Redaktion der Zeitschrift Isotopenpraxis: Prof. Dr. H. Hübner, DDR-7010 Leipzig, Karl-Marx-Platz, Hauptpostamt, PSF 370; Fernruf: 281018.
Veröffentlicht unter der Lizenznummer 1527 des Presseamtes beim Vorsitzenden des Ministerrates der Deutschen Demokratischen Republik.
Gesamtherstellung: VEB Druckerei „Thomas Müntzer", DDR-5820 Bad Langensalza.
Erscheinungsweise: Die Zeitschrift „Isotopenpraxis" erscheint monatlich. Die 12 Hefte eines Jahrganges bilden einen Band. Bezugspreis je Band 240,— DM zuzüglich Versandspesen; Preis je Heft 20,— DM. Der gültige Jahresbezugspreis für die DDR ist der Postzeitungsliste zu entnehmen.
Bestellnummer dieses Heftes: 1079/21/10.

AN (EDV) 12831
00900

Isotopenpraxis 21 (1985) 10, S. 337 bis 339

Gedanken zum 100. Geburtstag von *Niels Henrik David Bohr* am 7. Oktober 1985

Keywords

atomic models; Bohr theory; history

Es ist legitim und wirkt gesellschaftlich wahrscheinlich stabilisierend, wenn Menschen ihr Weltbild und ihre Epoche im Maßstabe jeweiliger Erkenntnisfähigkeit als relativ abgeschlossen betrachten. Kritisch und mindestens hinderlich ist dagegen jeder Versuch, allzu große Brocken in Form „letzter Erkenntnisse" auf den Weg zu legen, den das allein auf einzelne Erfahrung gründbare allgemeine Wissen nimmt, denn am Ende verläuft die Entwicklung allemal vorbei an Hürden der Scholastik und des Dogmatismus, wenn auch mit Kämpfen. Als sich der junge *Max Planck*, am Anfang seiner Karriere stehend, selbständig der theoretischen Physik zuzuwenden suchte, warnte ihn einer seiner Lehrer mit der Bemerkung: Nun, nach der Formulierung des Satzes von der Erhaltung der Energie, sei doch da wohl nicht mehr viel zu machen. *Plancks* Antwort war die Strahlungsformel mit der diesem Gesetz eigenen Vorstellung der Energiequantelung, sozusagen der Atomistik im Bereich der Strahlung, also die Eröffnung der Quantenphysik.

Im Unterschied zu der zweiten am Anfang unseres Jahrhunderts errichteten Säule der aktuellen Physik, der Relativitätstheorie, hat die Quantentheorie viele Väter: neben *Planck* auch *Einstein, Bohr, de Broglie, Schrödinger, Heisenberg, Dirac, Pauli* und andere. Aber so ist es nun keineswegs, daß unsere heutige Physik gewissermaßen von zwei Strömungen getragen würde. Vielmehr bestehen dazwischen enge Verbindungen, vielleicht mit einer Vorzugsrichtung zur Quantentheorie, wenn man sich deren Fortschritt vergegenwärtigt, den sie nach der Erkenntnis von der Notwendigkeit ihrer *Lorentz*invarianz oder der Masse-Energie-Beziehung nahm.

Die intimen Rückwirkungen der Strahlungsatomistik auf die Atomvorstellung empfunden und über entscheidende Anfangsstrecken aufgedeckt zu haben, das ist wohl die erste und größte Leistung von *Niels Bohr*. Da war sein 1911 angetretener Aufenthalt in Cambridge bei *J. J. Thomson*, der ihn in die Richtung auf ein Atommodell führte, jenes „Wassermelonenmodell", für das sich *N. B.* aber nicht erwärmen konnte. *Gamow* sagte dazu viel später: „*J. J.*" habe den jungen Dänen daher auch nicht geliebt.

War es *Bohrs* damals allseits bekannter Hang zum Fußballspiel, der ihn für die atomaren Stoßprozesse so empfänglich sein ließ, mit deren Hilfe der Neuseeländer *Ernest Rutherford* etwa um diese Zeit seine (und in welchem Maße übrigens auch *Geigers* und *Marsdens*?) epochale Entdeckung des Atomkerns machte? Hier soll es wohl wissenschaftlich wie persönlich Sympathie auf den ersten Blick gewesen sein, die beide füreinander empfanden. Die Physik-Lehrbücher datieren jedenfalls das *Lenard-Rutherford*sche Atommodell auch auf das Jahr 1911.

Dieses Modell und *Plancks* Quantenhypothese vor Augen, schlug *Bohr* zwei Jahre später ebenso genial wie richtungweisend vor, die klassische Physik im atomaren Bereich abzuändern: Er schränkte ein, indem er nur gewisse stationäre Atomzustände zuließ, und ging zugleich grundlegend weiter durch die Annahme sprunghafter Übergänge zwischen solchen Zuständen. Damit ermöglichte er Antworten auf die damals drängenden Fragen der Physiker nach den Gründen für die realen Atomabmessungen („*Bohr*scher Radius"), die nicht immerwährende Energieabstrahlung der Atome oder das diskrete Wasserstoff-Spektrum, Fragen, auf die es in der klassischen Physik keine Antwort geben kann.

Wie wichtig, weil bestätigend, müssen daraufhin die *Franck-Hertz*schen Stoßversuche gewirkt haben, mit denen es möglich war, den direkten Nachweis diskreter atomarer Energiezustände zu führen!

Aber natürlich konnte es damals nur um die der klassischen Physik entlehnte Bahnvorstellung für die Elektronen im Atom gehen, auch wenn *A. Sommerfeld* die Modifikation von den Kreisen hin zu den Ellipsen einbrachte. Es konnte zunächst nur die trotz *Bohrs* Genieleistung eben noch stark mit klassischen Vorstellungen behaftete Version der Quantentheorie sein, die wir in der Rückschau der Jahrzehnte die ältere nennen, und freilich versagte sie schon beim Heliumspektrum. Aber die Richtung war gewiesen, und zwar durch *Niels Bohr*.

Für ihn folgten offenbar Jahre vielleicht weniger spektakulärer aber konsequenter Arbeit: eine Art Nachlese zum Atommodell im Sinne des Periodischen Systems der Elemente. In diesen Zusammenhang gehört der Name des Holländers *Dirk Coster*. Die Entdeckung des Hafniums steht in Verbindung mit dieser Systematisierung, ebenso frühe Vorstellungen von den Aktiniden. Der enge Kontakt mit den berühmten deutschen Physik-Zentren in Göttingen und Berlin blühte: Es war die Zeit der „*Bohr*-Festspiele" mit *N. B.* als dem gefragten Vortragenden vieler Kolloquien, darunter des „bonzenfreien" (s. Bild), auf dem viele (Noch-)Nichtetablierte dem großen *Bohr* „unabgeschirmt"

Niels Bohr (6. von links) im Kreise berühmter damaliger „Nichtbonzen"

durch die mächtigen Physik-Ordinarien fachlich zu begegnen suchten.

Als höchste wissenschaftliche Anerkennung folgte 1922 der Nobelpreis.

Die ausgesprochen kernphysikalischen Arbeiten dürften Mitte der dreißiger Jahre einen ersten Höhepunkt erreicht haben: Gemeinsam mit *C. F. von Weizsäcker* prägte *Bohr* die Vorstellung des Tröpfchencharakters von Atomkernen, was 1935 die Konsequenz der berühmten *Weizsäcker*schen Massenformel hatte.

In der Rückschau wirkt die Entwicklung der zwanziger, noch mehr aber der dreißiger Jahre (seit *Chadwicks* Neutronenentdeckung 1932), unwahrscheinlich konsequent in ihrer Orientierung auf die Auffindung der Kernspaltung und die Kernenergiefreisetzung: Die Verfeinerung der Kenntnis des Periodensystems, die Aktivierung durch Neutronen, die Grundüberlegungen zu den Energieanteilen der Kerne auf der Grundlage von *Weizsäckers* Formel, wie sie dann recht bald in Kopenhagen ihre überzeugende Anwendung fand durch *Otto Frisch*, sind einige Marksteine. Vielleicht war lediglich die frühe Aktiniden-Diskussion zunächst etwas ablenkend für *Hahn* und *Straßmann* . . . ?

Es konnte nicht ausbleiben, daß Bohr einer der ersten war, dem klar vor Augen stand, was Kernspaltung bedeutet, denn jedenfalls gab es vom 10. bis 17. November, und speziell zum Zeitpunkt von *Otto Hahns* Vortrag am 13. November 1938 in seinem Kopenhagener Institut, die Konstellation *Bohr—Hahn—Meitner—Frisch* mit der Diskussion über die Spaltungs-Energiebilanz.

Und dies war auch die sofortige (in den Augen einiger Teilnehmer dieser Runde verfrühte) Mitteilung *Bohrs* an die Physiker Amerikas, als der große Däne wieder einmal einen Trip aus seiner schönen Carlsberg-Villa bei Kopenhagen für ein paar Monate nach Princeton zu *A. Einstein* machte: Am 16. Januar 1939, vierzehn Tage nach *Enrico Fermi*, traf er an Bord der „Drottningholm" in New York ein. Am 26. 1. über die Washingtoner Physikertagung, speziell (und wohl noch vor der Tagung) über *Wheeler* und *Pegram*, gewürzt mit *Fermis* Zutat der Neutronen-Kettenreaktion, lief die Information, den „*Hahn*-Effekt" betreffend, noch ein reichliches halbes Jahr vor dem Zweiten Weltkrieg weiter ihren oft nachgezeichneten Weg in Richtung der Militärs. Admiral *Hooper* von der Navy soll sie bereits am 16. März jenes denkwürdigen Jahres erhalten haben.

Man kann es als Ironie des Schicksals betrachten, daß *N. Bohrs* und *J. A. Wheelers* Arbeit über den Mechanismus der Kernspaltung ausgerechnet am Tage des Kriegsausbruchs, dem 1. September 1939, in „Physical Review" erschien.

Für *Bohr* mußte es wohl Konsequenz bedeuten, wenn er sich nach seiner abenteuerlichen Flucht als Halbjude aus dem von den Nazis besetzten Kopenhagen des Jahres 1943 über Schweden und England nach den USA mit den Initialen *N. B.* nun als „*Nicholaus Baker*" von General *Groves* in Los Alamos mit einspannen ließ, besonders angesichts jenes schon 1941 mit seinem früher wissenschaftlich so eng Vertrauten *W. Heisenberg* geführten offenbar sehr merkwürdigen und, wie man im Nachhinein meint, mißverständlichen Gesprächs über die mögliche (und abzuwendende ?) Kernwaffenproduktion der Weltkriegsgegner.

Bohr muß, wenigstens in seinen jungen Jahren, ein lustiger Mensch gewesen sein. Dies bezeugten seine „*Bohr*-boys" vom Carlsberg. Wiederum *Gamow* ist die Überlieferung der Episode von *N. B.* als Fassadenkletterer im Wettstreit mit *Cas Casimir* im nächtlichen Kopenhagen zu verdanken, ebenso *Bohrs* Leidenschaft für Western-Filme, die, nach dem Kinogang, oft zu stundenlangen Erörterungen über das schnelle Ziehen der Colts geführt haben sollen, wobei natürlich die Vertreter des „Guten" stets flinker waren (und sind!).

Die scheinbare Idylle um den wohl ebenso langsam wie gründlich und vor allem unabhängig denkenden *Bohr* mit ihrer vermeintlichen Weltabgeschiedenheit im Widerschein einer Gelehrtenrepublik mit umfangreicher „unpolitischer" Korrespondenz versetzte *N. B.* dennoch, und zwar spätestens ab 1943, in die Lage, politisch nicht nur zu denken, sondern zu handeln. Offenbar mäßigend und beschwichtigend, jedenfalls mit der Tendenz der Geburt einer Völkergemeinschaft aus der Familie der Atomforscher seiner Zeit, hatte sich *Bohr* angesichts von Los Alamos und seines Projekts am 3. 7. 1944 in einem Memorandum an *Roosevelt* und *Churchill* gewandt. Daraufhin wurde er etwa drei Wochen später vom amerikanischen Präsidenten zu einer politischen Aussprache empfangen.

Die Bestürzung in Kreisen internierter deutscher Kernphysiker und -chemiker nach dem amerikanischen A-Bombenabwurf im Sommer 1945 ist überliefert. Es gibt auch so manche Mitteilung zur Reaktion von Los-Alamos-Mitarbeitern im Vorfeld und nach diesen grausigen Tagen der Verquickung von Politik und totaler Vernichtung. Die Rolle *Bohrs* hierbei ist dem Verfasser dieser Zeilen nicht sehr geläufig. Aber es dürfte feststehen, daß es ihm eine ungeheure Genugtuung gewesen sein muß, als er, genau zehn Jahre nach dem japanischen Atomchaos, nach den Kriegs- und so manchen Nachkriegswirren in einer Phase beachtlicher politischer Entkrampfung der Welt am 8. August 1955 die 1. Genfer Konferenz im Zeichen der Vereinten Nationen und des friedlichen Atoms eröffnen konnte und ihm die internationalen Fachvertreter, darunter viele seiner Freunde, lange und überzeugt Beifall spendeten: Das war ja der Inhalt seines Memorandums, sein humanistisches Ziel.

Bei den Bemühungen um das Verständnis von Stoff und Strahlung hat *Niels Bohr* schmerzhaft den Widerspruch verspürt zwischen den bildhaften Vorstellungen der Makrowelt und dem Vordringen des Formalismus über die klassischen Grenzen hinaus mit so weitgehender Unanschaulichkeit. Dies ist ein Gegensatz, der den Positivismus geradezu herbeizwingt, solange man die moderne philosophische Dialektik ignoriert oder lediglich als additive und damit ganz und gar opportunistische Zutat zum simplen mechanischen Materialismus begreift.

Bohr und *Heisenberg* bauten in engem Dialog während der zwanziger Jahre jene besondere Interpretation der Quantenmechanik auf, die, einmal ganz abgesehen von der Rolle der Statistik, dem beobachtenden Subjekt eine Schlüsselrolle zuweist bei der Art und Weise, wie sich die angenommene Komplementarität von Wellen- und Teilchenbild im Experiment äußert. Sie fand auf großen Physiker- und Naturwissenschaftlertagungen im Jahre 1927 breite Zustimmung.

Bohr, als ein völlig unabhängiger Denker, war kein Freund und schon gar kein Anhänger von „-ismen". Der Wahrheitswert einer bestimmten Ansicht lag und liegt ja allemal und im Einzelfalle in der zukünftigen Bewährung ihrer Folgerungen. Die hinreichend breit angelegte vorurteilsfreie Forschung mit ihrer induktiven Methode ist ein gutes Mittel gegen gewaltsame Versuche, aus einer speziellen Perspektive eine Gesamtschau der Welt zu machen.

Vietnam, Kuba und West-Berlin sind nur drei geographisch-politische Stichwörter, die für jene frühen sechziger Jahre am Ende von *Bohrs* Laufbahn und Leben Bedeutung haben und die auf bedrückende Weise einen Weg kennzeichnen, der sich wieder viel weiter von den besonders aus wissenschaftlicher Arbeit erwachsenen humanistischen Idealen entfernt hatte, denen sich *Bohr* und viele andere im Genf des Jahres 1955 schon einmal nahe wähnten und die uns auch noch drei Jahrzehnte später allen Respekt abnötigen, wenngleich uns die Geschichte wiederholt und schmerzlich lehrte, daß Fragen von Macht und Gewalt am Ende allemal kaum intellektuell, sondern viel elementarer auf ökonomisch-materieller Grundlage entschieden werden.

Und noch etwas im eigentlichen Sinne Menschliches leuchtet uns Wissenschaftlern dieser Tage herüber aus der großen Epoche der Atom- und Kernphysik der ersten Hälfte unseres Jahrhunderts: jenes achtungsvolle Zusammenwirken von Lehrer und Schüler, jene freundschaftlich-geistige Nachbarschaft, die gar nicht örtlich gemeint sein muß, die aber doch so prägend und anregend ist für dasjenige, was wir gern unter wissenschaftlichen Schulen verstehen. *Niels Bohr* gab uns eines der schönsten Beispiele für die Fruchtbarkeit des Arbeitens und des Denkens in solchen Formen der Wechselbeziehung, zu denen wir Heutigen offenbar viel zu selten fähig sind.

G. Brunner
Zentralinstitut für Isotopen- und Strahlenforschung der AdW der DDR
Eingegangen am 22. 3. 1985

Isotopenpraxis **21** (1985) 10, S. 339 bis 344

Originalarbeiten

Aufbau einer Wärmeflußmeßeinrichtung zur Bestimmung der thermischen Leistung einer PuBe-Neutronenquelle

H.-U. Siebert

(Staatliches Amt für Atomsicherheit und Strahlenschutz der DDR) [1])

G. Wolf

(Bergakademie Freiberg, Sektion Chemie)[2])

Der Aufbau eines einfachen Wärmeflußkalorimeters zur Bestimmung der thermischen Leistung von PuBe-Neutronenquellen wird beschrieben. Unter Verwendung γ-spektrometrisch gewonnener Angaben zur Isotopenzusammensetzung des radioaktiven Materials der Quelle kann die in PuBe-Neutronenquellen enthaltene Masse an ^{239}Pu zerstörungsfrei bestimmt werden.

The layout of a simple heat-flow calorimeter for the determination of the thermal power of PuBe-neutron sources is described. Using isotopic composition dates for the radioactive material in the sources obtained from γ-spectrometric measurements the mass of ^{239}Pu contained in the PuBe-neutron sources can be determined non-destructively.

Keywords

neutron sources; nondestructive analysis; calorimetry; gamma-spectroscopy; plutonium; isotope ratio; plutonium 239; mass

1. Einleitung

PuBe-Neutronenquellen, die ^{239}Pu als spezielles spaltbares Material enthalten, unterliegen der Kernmaterialkontrolle [1]. In diesem Zusammenhang ist die zerstörungsfreie Bestimmung der in den Quellen enthaltenen Menge an ^{239}Pu von Bedeutung. Die ^{239}Pu-Massebestimmung in plutoniumhaltigen Proben erfolgt zerstörungsfrei im allgemeinen mittels Registrierung der Spaltneutronen der spontanspaltenden Pu-Isotope [2] oder durch die Messung der im Ergebnis der Absorption der radioaktiven Eigenstrahlung der Pu-Isotope entstehenden thermischen Leistung [3]. Dabei werden zur Bestimmung der ^{239}Pu-Masse sowohl aus der Spaltneutronenzählrate als auch aus der thermischen Leistung Angaben über die Isotopenzusammensetzung des Plutoniums benötigt. Die Bestimmung der Spaltneutronenzählrate aus PuBe-Neutronenquellen bereitet infolge der überwiegenden Intensität an (α,n)-Neutronen methodische Schwierigkeiten [4]. Bei der Nutzung isothermischer Kalorimeter zur Bestimmung des Plutoniumgehaltes in Kernbrennstoffeinheiten, Transportbehältern und Abfällen liegen umfangreiche Erfahrungen vor [5]. Gegenüber Wärmeflußkalorimetern [6] besitzen diese den Vorteil der Transportabilität und einer kurzen Meßzeit, was für in-situ Messungen von Bedeutung ist. Der Erhalt dieser Vorteile ist mit einem erheblichen regelungstechnischen Aufwand zur Temperaturkonstanthaltung in der Kalorimeterzelle verbunden. Die Bestimmung der ^{239}Pu-Masse in PuBe-Neutronenquellen ist infolge der Integrität und der Identifizierbarkeit der Quelle mittels Identifikationsnummer in der Regel nur einmal erforderlich, so daß die Nachteile der Wärmeflußkalorimetrie in Kauf

Anschriften: [1]) DDR-1157 Berlin, Waldowallee 117; [2]) DDR-9200 Freiberg/Sa., Leipziger Straße genommen werden können und die zu bestimmenden PuBe-Neutronenquellen in einem stationären Meßaufbau untersucht werden können.

Eine meßtechnische Anordnung zur Bestimmung der thermischen Leistung einer PuBe-Neutronenquelle sollte einfach handhabbar und leicht herstellbar sein. Bezüglich der Genauigkeit muß das kalorimetrische Meßsystem den Anforderungen genügen, die sich aus der letztlich zu erfolgenden Berechnung der ^{239}Pu-Masse unter Verwendung γ-spektrometrisch bestimmter Angaben zur Isotopenzusammensetzung des radioaktiven Materials der Neutronenquelle ableiten. Danach ist für die Messung der thermischen Leistung eine Genauigkeit von $< 5\%$ ausreichend. Eine isoperibole Wärmeflußmethode, die ohne Kompensation direkt die Temperaturdifferenz als Meßgröße verwendet und hinsichtlich der Bauart ein Monosystem darstellt [6], sollte den genannten Anforderungen umfassend entsprechen.

Die vorliegende Arbeit stellt den Aufbau und die Eichung einer Einrichtung für Wärmeflußmessung an PuBe-Neutronenquellen mit einem Normaltemperaturkalorimeter dar und erbringt den Nachweis der Eignung des Meßaufbaus zur Bestimmung der in den Neutronenquellen enthaltenen ^{239}Pu-Masse.

2. Grundlagen einer Wärmeflußmeßtechnik mit einem Normaltemperaturkalorimeter

Zur kalorimetrischen Bestimmung einer zeitlich konstanten thermischen Leistung mit einer Wärmeflußmethode wird die Quelle der thermischen Leistung P über einen Wärmewiderstand R_q an eine Umgebung hoher Wärmekapazität c_u und konstanter Temperatur T_u gekoppelt. Zwischen der Temperatur der Quelle T_x und der der Umgebung T_u entsteht eine von der Zeit t abhängige Temperaturdifferenz $\Delta T(t) = T_x - T_u$. Der mathematische Zusammenhang zwischen der wirksamen thermischen Leistung P, der Größe des Wärmewiderstandes R_q und der beobachtbaren Temperaturdifferenz ΔT ist aus dem *Newton*schen Abkühlungsgesetz ableitbar [6]:

$$\Delta T = \left[1 - \exp\left(-\frac{K}{c} \cdot t\right)\right] \cdot K^{-1} \cdot P \qquad (1)$$

Der Wärmewiderstand R_q ist dabei durch die Wärmeaustauschkonstante K ersetzt, die mit der *Newton*schen Abkühlungskonstanten k und der Wärmekapazität der Quelle c wie folgt zusammenhängt:

$$R_q^{-1} = K = k \cdot c \qquad (2)$$

Aus Gleichung (1) folgt, daß für $t \to \infty$ sich ΔT einem Maximalwert nähert:

$$\lim_{t \to \infty} \Delta T = \Delta T_{MAX} \qquad (3)$$

Dabei ist ΔT_{MAX} proportional zur anliegenden thermischen Leistung

$$\Delta T_{MAX} = K^{-1} \cdot P \qquad (4)$$

Ist ΔT_{MAX} erreicht, entspricht die Wärmeflußleistung von der Probe in die Umgebung der negativen thermischen Leistung der Probe. Ersetzt man die Quelle durch eine Probe gleicher Wärmekapazität und simuliert die thermische Leistung durch eine elektrische Heizung, so kann ein Temperatur/Zeit-Verlauf für das Meßsystem entsprechend der Darstellung in Abb. 1 registriert werden. Wird zum Zeipunkt t_1 eine konstante, elektrisch erzeugte

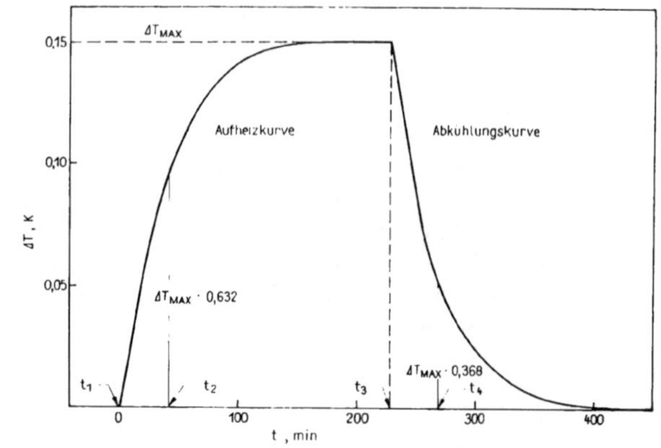

Abb. 1. Temperatur/Zeit-Verlauf einer Wärmeflußmeßeinrichtung

Heizleistung auf der Probe eingeschaltet, ist eine Aufheizung bis zu einer maximalen Temperaturdifferenz ΔT_{MAX} beobachtbar. Bei Abschaltung der Heizung zum Zeitpunkt t_3 erhält man die ebenfalls in Abb. 1 gezeigte Abkühlkurve ausgehend von ΔT_{MAX}.

Charakteristisch für das Aufheiz- bzw. Abkühlungsverhalten eines derartigen Systems ist außer ΔT_{MAX} die notwendige Zeit, um ausgehend von t_1 bzw. t_3 die Probe auf $0{,}632 \cdot \Delta T_{MAX}$ aufzuheizen bzw. auf $0{,}368 \cdot \Delta T_{MAX}$ abzukühlen. Wie aus (1) herzuleiten ist, entsprechen diese Zeiten ($t_2 - t_1$ bzw. $t_4 - t_3$ in Abb. 1) der reziproken Abkühlungskonstanten k des Systems. Für die Aufheizkurve gilt

$$\Delta T = (1 - e^{-1})\, K^{-1} \cdot P = 0{,}632 \cdot \Delta T_{MAX} \qquad (5)$$

Auf der Grundlage des in Abb. 1 gezeigten Aufheiz- und Abkühlungsverhaltens kann aus ΔT_{MAX} leicht K, aus $t_2 - t_1$ bzw. $t_4 - t_3$ die Abkühlungskonstante k und damit auch die Wärmekapazität c für ein Meßsystem ermittelt werden. Die Abkühlungskonstante k kann auch aus der logarithmischen Darstellung $\ln \Delta T$ über t der Gleichung (1) als Anstieg der Aufheiz- oder Abkühlungskurven

$$\ln \Delta T = -kt + \text{const.} \qquad (6)$$

erhalten werden (Abb. 2).

Die Bestimmung der thermischen Leistung P_x einer Probe bekannter Wärmekapazität c erfolgt mittels einer

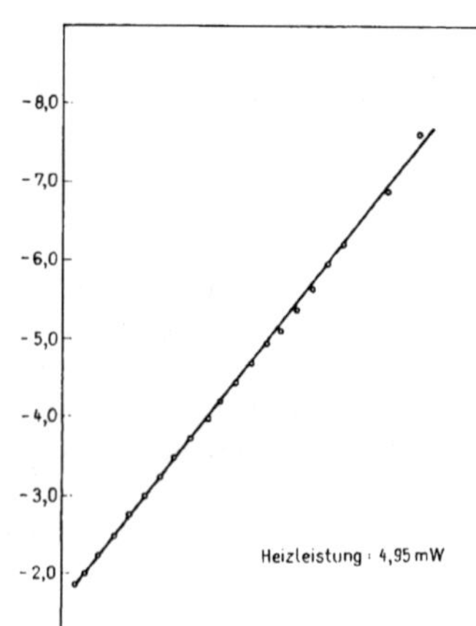

Abb. 2. Logarithmische Darstellung ln ΔT über t der Gleichung (1) zur Bestimmung der Abkühlungskonstanten k der Wärmeflußmeßeinrichtung

Eichkurve $\Delta T_{MAX} = f(P)$. Dabei muß die Ermittlung der Eichkurve mit einer Vergleichsprobe gleicher Wärmekapazität erfolgen, die jedoch keine thermische Dauerleistung aufweist.

Ist die Wärmekapazität der zu untersuchenden Probe nicht bekannt, muß die Linearität des Zusammenhangs zwischen ΔT_{MAX} und P genutzt werden. Es wird zunächst ΔT_{MAX} für P_x bestimmt und danach P_x um P_y, eine zusätzliche, elektrisch erzeugte thermische Leistung, vergrößert und der neue Wert für ΔT_{MAX} gemessen. Auf der Grundlage von Gleichung (4) ist damit die Bestimmung von P_x durch Eliminierung von c möglich. Die bei derartigen Messungen als notwendige Bedingung zu gewährleistende Linearität im Bereich $0 \leqq P \leqq (P_x + P_y)$ ist entweder durch Variation von P_y oder durch Verwendung einer Vergleichsprobe mit einer Wärmekapazität, die der der zu untersuchenden Probe annähernd entspricht, zu prüfen.

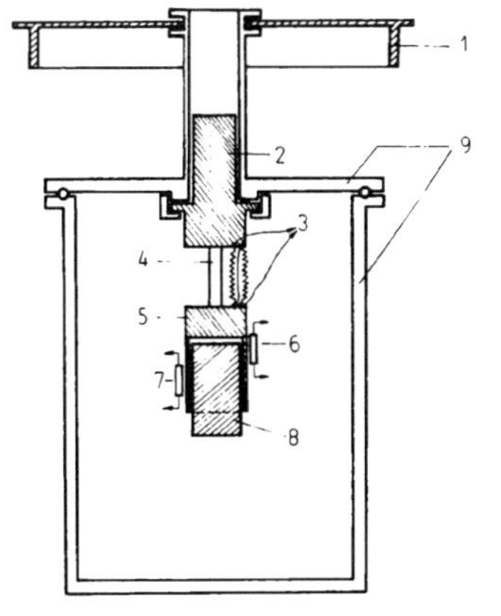

Abb. 3. Aufbau der Wärmeflußmeßeinrichtung (Erklärungen siehe Abschnitt 3)

3. Aufbau der Wärmeflußmeßeinrichtung

Zur Messung der konstanten thermischen Leistung einer PuBe-Neutronenquelle mit Hilfe einer Wärmeflußmethode wurde ein Normaltemperaturkalorimeter bestehend aus:

- Temperaturmeßeinrichtung
- Potentiometerteil
- Thermostatenteil
- Wärmeflußmeßzelle

eingesetzt. Mit Hilfe der Temperaturmeßeinrichtung wird die zeitliche Veränderung der Temperatur einer Probe über einen Thermistor oder eine Thermosäule gemessen und in Form der Abweichung ΔR vom Ausgangswert R_0 oder der verstärkten Thermospannung auf einem Schreiber registriert. Dabei beträgt die Auflösung $10^{-2}\ \Omega$ für einen Thermistorwiderstand von $2 \cdot 10^3\ \Omega$ bzw. $5 \cdot 10^{-8}$ V für eine Thermospannung der Thermosäule von 10^{-4} V. Der Potentiometerteil des Kalorimeters erlaubt die Einstellung von konstanten Heizleistungen im Bereich von 1 bis 500 mW mit einer Schwankung von 0,2% innerhalb von 24 Stunden. Als Heizung fungiert in der Wärmeflußmeßzelle eine Drahtwicklung aus Konstantan mit einem Widerstand von 50 Ω. Zur Erzeugung einer konstanten Umgebungstemperatur T_u wurde ein Präzisionsthermostat genutzt, der eine Langzeittemperaturkonstanz von $\pm 5 \cdot 10^{-4}$ K innerhalb von 24 Stunden aufweist. Die Durchführung entsprechender Messungen ist nicht an die Verfügbarkeit eines Normaltemperaturkalorimeters gebunden. Mit einer meist vorhandenen Temperaturmeßeinrichtung entsprechender Genauigkeit und einem Digitalvoltmeter zur genauen Messung der elektrischen Leistung am Heizer können die Messungen auch in einem normalen Laborthermostaten, der Kühlwasser von einem Vorthermostaten enthält, durchgeführt werden. Abb. 3 zeigt den Kalorimeterbehälter (9), der in den Thermostaten eingesetzt wird, mit der sich im Kalorimeterbehälter befindlichen Wärmeflußmeßeinrichtung. Ein fest in den Deckel (1) des Kalorimeterbehälters einschraubbarer Kupferblock (2) befindet sich stets auf der Temperatur T_u des den Kalorimeterbehälter (9) umgebenden Thermostatenbades. Ein Probenhalter (5) ist über den Wärmewiderstand (4) am Kupferblock (2) befestigt. In den Probenhalter können die zu bestimmenden PuBe-Neutronenquellen (8) fest eingeklemmt werden. Zwischen dem Probenhalter (5) und der Umgebung (2) ist eine Thermosäule (3) aus 20 Thermopaaren angeordnet. Zur Temperaturmessung wurde in den Probenhalter (5) außerdem ein Thermistor (7) eingesetzt. Eine definierte elektrische Heizleistung kann über den Heizwiderstand (6) auf der Meßprobe und dem Probenhalter erzeugt werden. Die beschriebene Wärmeflußmeßeinrichtung wurde für die Bestimmung konstanter thermischer Leistungen zwischen 0 und 15 mW, wie sie für eine Vielzahl von in verschiedenen Bereichen der Industrie und Forschung eingesetzten PuBe-Neutronenquellen mit einem Neutronenfluß $\lesssim 10^6$/s zu erwarten sind, gebaut. Dabei wurde die Wärmeflußmeßeinrichtung so dimensioniert, daß durch Auswahl bzw. Einstellung der Wärmekapazität des Probenhalters und der Größe des Wärmewiderstandes eine Temperaturdifferenz $\Delta T_{MAX} \sim 10^{-1}$ K bei einer thermischen Leistung von $P = 5$ mW im linearen Bereich der Funktion $\Delta T_{MAX} = f(P)$ erreicht wird. Quellen mit größerer Leistung können ebenfalls mit der in Abb. 3 gezeigten Meßeinrichtung untersucht werden. Durch eine zusätzlich an die Quelle anzuschließende Wärmekapazität kann ΔT_{MAX} in Abhängigkeit von P variiert werden. Auch Quellen unterschiedlicher Bauform sind über einen in die Meßanordnung (5) einsetzbaren Kupferzylinder an das Meßsystem anschließbar.

Die an der Meßeinrichtung vorhandenen Temperaturfühler (Thermosäule und Thermistor) wurden gegen ein Präzisions-Pt-Thermometer geeicht. Für den Temperaturkoeffizienten der Thermosäule wurden 801,3 μV/K erhalten. Der B-Wert des Thermistors ($R = A \cdot \exp(B \cdot T)$; $\Delta T = \Delta R \cdot T^2 \cdot R^{-1} \cdot B^{-1}$) liegt bei $B = 2600\ \text{K}^{-1}$. Die Bestimmung der zeitlichen Änderung der Temperaturdifferenz $\Delta T = T_x - T_u$ kann damit über die Thermospannung U_{DTS}, über den Widerstand des Thermistors R_{Th} oder über die Abweichung des Thermistorwiderstandes ΔR vom Wert für die Umgebungstemperatur erfolgen. Alle drei Möglichkeiten wurden genutzt, um Eichfehler weitgehend auszuschalten.

4. Bestimmung der Eigenschaften der Wärmeflußmeßeinrichtung

Aus der linearen Regression von acht Abkühlungskurven wurde mittels Gleichung (6) für die Abkühlungskonstante der Wärmeflußmeßeinrichtung ein mittlerer Wert von (siehe auch Abb. 2)

$$k = (4{,}18 \pm 0{,}15) \cdot 10^{-4}\ \text{s}^{-1}$$

erhalten, der in guter Übereinstimmung mit dem auf der Grundlage von Gleichung (5) aus den Aufheiz- und Abkühlungskurven bestimmten Wert von

$$k = (4{,}33 \pm 0{,}1) \cdot 10^{-4}\,\mathrm{s}^{-1}$$

steht.

Aus ΔT_{MAX} und der verwendeten elektrischen Heizleistung P kann aus Gleichung (4) die Wärmeaustauschkonstante bestimmt werden. Die Messungen erfolgten unter Verwendung einer die PuBe-Quelle imitierenden Reinstaluminiumprobe mit einer Masse von 30,5 g bzw. Edelstahlprobe mit einer Masse von 49,8 g. Für die Wärmeflußmeßeinrichtung mit diesen Probenkörpern wurde

$$K \text{ (mit Al-Probe)} = 32{,}9 \text{ mW/K}$$
$$K \text{ (mit Edelstahl-Probe)} = 30{,}2 \text{ mW/K}$$

erhalten. Unter Verwendung einer mittleren Abkühlungskonstanten von $k = 4{,}26 \cdot 10^{-4}\,\mathrm{s}^{-1}$ folgt aus Gleichung (2) für die Wärmekapazität der Wärmeflußmeßeinrichtung plus Probe:

$$c \text{ (mit Al-Probe)} = 77{,}43 \text{ J/K}$$
$$c \text{ (mit Edelstahl-Probe)} = 70{,}89 \text{ J/K}$$

Ausgehend von den mit einer Impulsmethode [7] bestimmten Wärmekapazitäten der verwendeten Proben:

$$c \text{ (Al-Probe)} = 27{,}56 \text{ J/K}$$
$$c \text{ (Edelstahl-Probe)} = 21{,}51 \text{ J/K}$$

wird für die Wärmekapazität c und die Wärmeaustauschkonstante K der Wärmeflußmeßeinrichtung:

$$c = (49{,}6 \pm 1) \text{ J/K}$$
$$K = 21{,}5 \text{ mW/K}$$

erhalten. In Übereinstimmung mit diesen Werten wurden aus einer direkten Messung der Wärmekapazität der Wärmeflußmeßeinrichtung mit einer Impulsheiztechnik [6]

$$c = (50{,}6 \pm 0{,}5) \text{ J/K}$$

erhalten.

Zur Prüfung des linearen Zusammenhangs zwischen ΔT_{MAX} und P wurde die Edelstahlprobe, die der Wärmekapazität der zu bestimmenden PuBe-Neutronenquellen weitestgehend entspricht, in den Probenhalter eingebaut und die zu ΔT_{MAX} proportionalen Signale der genannten drei verschiedenen Temperaturmeßverfahren als Funktion der elektrisch zugeführten, thermischen Leistung ermittelt (Abb. 4). Deutlich sichtbar wird, daß für die gewählte Wärmekapazität der Meßeinrichtung bis hin zu 15 mW Linearität zwischen ΔT_{MAX} und P entsprechend Gleichung (4) besteht.

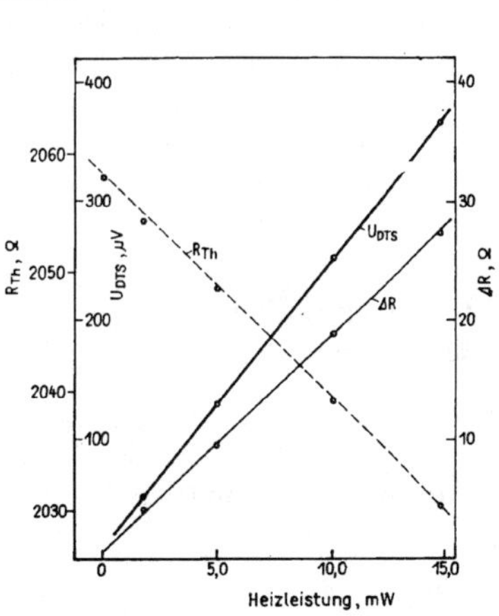

Abb. 4. Eichkurven für die in der Wärmeflußmeßeinrichtung (Abb. 3) vorhandenen Temperaturmeßeinrichtungen

Die vorgestellte Wärmeflußmeßeinrichtung erlaubt unter den genannten Bedingungen die Bestimmung einer unbekannten thermischen Leistung im Bereich von $0 \text{ mW} \leqq P \leqq 15 \text{ mW}$ mit einer Genauigkeit von $\pm 3\%$.

5. Bestimmung der thermischen Leistung einer PuBe-Neutronenquelle

Die thermische Leistung einer PuBe-Neutronenquelle wurde in der im Abschn. 3 beschriebenen Wärmeflußmeßeinrichtung bestimmt. Die Messung erfolgte an einer PuBe-Neutronenquelle des Typs IBN 5 sowjetischer Produktion mit einer Neutronenquellstärke von $2{,}13 \cdot 10^5$ n/s. Die Wärmekapazität der Neutronenquelle wurde mit einer Impulsmethode [6] zu

$$c \text{ (PuBe-Quelle)} = 21{,}5 \text{ J/K}$$

bestimmt. Dieser Wert stimmt sehr genau mit dem für die Edelstahl-Probe in Abschn. 4 bestimmten Wert überein, so daß nach Einbau der Neutronenquelle in die Wärmeflußmeßeinrichtung entsprechend den Signalgrößen der Thermometer für die PuBe-Neutronenquelle aus den Eichkurven in Abb. 4 eine thermische Leistung von

$$P = (4{,}44 \pm 0{,}2) \cdot 10^{-3} \text{ W}$$

ermittelt werden konnte.

Geht man von einer unbekannten Wärmekapazität der zu untersuchenden PuBe-Neutronenquelle aus, so kann durch eine elektrische Zusatzheizung mit einer thermischen Leistung von $P_y = 5$ mW bzw. 10 mW aus den beobachteten Signalvergrößerungen eine thermische Leistung der Neutronenquelle von

$$P = (4{,}72 \pm 0{,}15) \cdot 10^{-3} \text{ W}$$

erhalten werden. Die größere Genauigkeit dieses Reultates ergibt sich aus der Tatsache, daß in die Bestimmung der thermischen Leistung der Probe nicht zusätzlich der Fehler der Wärmekapazitätsmessung eingeht. Diesem Wert und damit dieser Meßtechnik ist deshalb der Vorzug zu geben.

6. Bestimmung der ^{239}Pu-Masse in PuBe-Neutronenquellen

Die in Abschn. 5 bestimmte thermische Leistung einer PuBe-Neutronenquelle wird durch den radioaktiven Zerfall mehrerer in einer PuBe-Neutronenquelle enthaltenen radioaktiven Isotope bedingt. Die spezifischen thermischen Leistungen p_i der entsprechenden Plutonium- und Americiumisotope sind in Tab. 1 aufgeführt [7].

Tab. 1.

Isotop	spez. thermische Leistung W/g
^{238}Pu	0,56716
^{239}Pu	0,0019312
^{240}Pu	0,007089
^{241}Pu	0,003389
^{242}Pu	0,0001146
^{241}Am	0,11450

Um den Anteil der aufgeführten radioaktiven Isotope an der gemessenen thermischen Leistung einer PuBe-Neutronenquelle (s. Abschn. 6) und damit auch die Masse des interessierenden ^{239}Pu bestimmen zu können, werden Angaben über die relative Isotopenzusammensetzung des radioaktiven Materials in der Neutronenquelle benötigt.

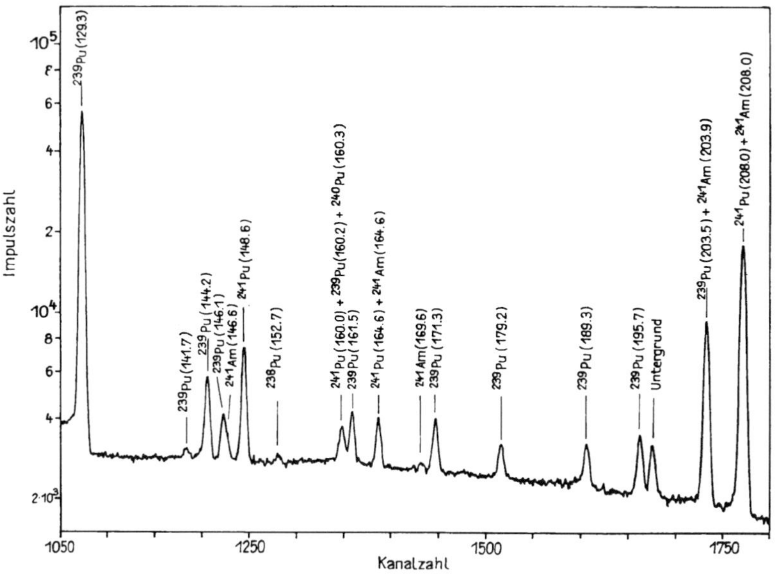

Abb. 5. γ-Spektrum einer PuBe-Neutronenquelle im Energiebereich von 120 – 210 keV

Die zerstörungsfreie Bestimmung der Isotopenzusammensetzung von plutoniumhaltigen Proben erfolgt ausschließlich mit Hilfe der hochauflösenden γ-Spektrometrie [3]. Durch Detektierung der γ-Eigenstrahlung sind bis auf ^{242}Pu alle Plutoniumisotope und ^{241}Am nachweisbar. Infolge der geringen spezifischen thermischen Leistung des ^{242}Pu ist der Beitrag dieses Plutoniumisotops zur gemessenen thermischen Leistung einer plutoniumhaltigen Probe in der Regel vernachlässigbar. Der γ-spektrometrische Nachweis erfordert infolge

- der geringen Energie der intensivsten γ-Übergänge
- der geringen Intensität der hochenergetischen γ-Übergänge und
- der teilweisen Linieninterferenz

der nachzuweisenden Isotope eine sorgfältige Auswahl der zur Auswertung heranzuziehenden γ-Übergänge (Tab. 2) [4]. Die Ergebnisse der Bestimmung der relativen Isotopenzusammensetzung R_i des radioaktiven Materials der in Abschn. 6 betrachteten PuBe-Neutronenquelle des Typs IBN 5 mit einer Neutronenquellstärke von $2{,}13 \cdot 10^5$ n/s sind in Tab. 3 enthalten [4]. Abb. 5 zeigt das entsprechende mit einem LEP-Ge(Li)-Detektor in einer Meßzeit von 120 Minuten gemessene γ-Spektrum der Neutronenquelle im Energiebereich von 120 – 210 keV.

Tab. 2.

zu bestimmendes Isotop	γ-Energie keV	Bemerkungen
^{238}Pu	152,7	Einzelpeak
^{239}Pu	144,2	Einzelpeak
^{240}Pu	160,3	Dreifachpeak, überlagert von ^{241}Pu (160,0 keV) und ^{239}Pu (160,2 keV)
^{241}Pu	148,6	Einzelpeak
^{241}Am	146,6	Einzelpeak, rechnerisch trennbar von ^{239}Pu (146,1 keV)

Die ^{239}Pu-Masse m_{239} der PuBe-Neutronenquelle wird unter Verwendung der relativen Isotopenzusammensetzung R_i, der thermischen Leistung der Quelle P und der spezifischen thermischen Leistung p_i der einzelnen radio-

Tab. 3.

Isotop	relative Isotopenzusammensetzung R_i
^{238}Pu	0,006 ± 0,001
^{239}Pu	95,4 ± 0,5
^{240}Pu	4,3 ± 0,2
^{241}Pu	0,134 ± 0,004
^{241}Am	0,16 ± 0,02

aktiven Isotope aus der Gleichung (7) bestimmt

$$m_{239} = \frac{P}{p_{238}\dfrac{R_{238}}{R_{239}} + p_{239} + p_{240}\dfrac{R_{240}}{R_{239}} + p_{241}\dfrac{R_{241}}{R_{239}} + p_{\mathrm{Am}241}\dfrac{R_{\mathrm{Am}241}}{R_{239}}} \tag{7}$$

Die ^{239}Pu-Masse der betrachteten PuBe-Neutronenquelle wurde aus der gemessenen thermischen Leistung und der relativen Isotopenzusammensetzung des radioaktiven Materials der Neutronenquelle mittels Gleichung (7) zu

$$m_{239} = (1{,}9 \pm 0{,}1)\ \mathrm{g}$$

bestimmt. Dieses Ergebnis befindet sich in Übereinstimmung mit der auf der Grundlage des Quellenzertifikates für diese Neutronenquelle angebbaren ^{239}Pu-Masse von 1,87 g.

Der Fehler der ^{239}Pu-Massebestimmung wird für die untersuchte PuBe-Neutronenquelle zu gleichen Teilen durch die Wärmeflußmeßmethode und die γ-spektrometrische Isotopenzusammensetzungsbestimmung bedingt. Beim Vorliegen von Plutonium mit einem erhöhten Gehalt an ^{238}Pu und ^{240}Pu in den Neutronenquellen wird dieser Fehler ausschließlich durch die Methode der Isotopenzuammensetzungsbestimmung bestimmt.

7. Zusammenfassung

Die vorgestellte Wärmeflußmeßeinrichtung erlaubt die Bestimmung der thermischen Leistung von PuBe-Neutronenquellen mit einer Genauigkeit von ~ 3%. Unter Verwendung γ-spektrometrisch gewonnener Angaben über die Isotopenzusammensetzung des radioaktiven Materials ist aus der thermischen Leistung die zerstörungsfreie ^{239}Pu-Massebestimmung in PuBe-Neutronenquellen möglich.

Eingegangen am 7. 11. 1984

Literatur

[1] Anordnung über die Kontrolle von Kernmaterial GBl. I Nr. 43 S. 451 vom 5. 9. 1973

[2] *A. Ramalko, E. Dahn, E. Selleck, V. Kupryashkin, A. Dubreuil,* The High-level Neutron Coincidence Counter (HLNCC) Family of Detectors, Nuclear Safeguards Technology 1982 (Proc. Symp. Vienna, 1982) 2, IAEA Vienna, 1983, 81

[3] Proceedings of the Symposium on the Calorimetric Assay of Plutonium, October 24–25, 1973, MLM-2177 (1974)

[4] *H.-U. Siebert, D. Hoffmann,* Die Bestimmung der Plutoniummasse in PuBe-Neutronenquellen – ein Spezialfall der Verifizierung von plutoniumhaltigen Kernmaterialproben, SAAS-Report (in Vorbereitung)

[5] *C. T. Roche, R. B. Perry, R. N. Lewis, E. A. Jung, J. R. Haumann,* Calorimetric Systems Designed for Infield Nondestructive Assay of Plutonium-bearing Materials, Nuclear Safeguards Technology 1978 (Proc. Symp. Vienna, 1978) 2, IAEA, Vienna (1979) 137

[6] *W. Hemminger, G. Höhne,* Grundlagen der Kalorimetrie. Berlin: Akademie Verlag 1980

[7] *W. W. Strohm,* R & D Efforts at Mound Laboratory in the Calorimetric Assay of Plutonium. Proc. of the Symp. on the Calorimetric Assay of Plutonium, October 24–25, 1973, MLM-2177 (1974) 119

Isotopenpraxis 21 (1985) 10, S. 344 bis 346

Die Anwendung der Methode der zeitlich korrelierten assoziierten Teilchen (MEZKAT)

S. S. Kovalenko, K. A. Petržak

(Chlopin Radiuminstitut Leningrad)[1])

K. Irmer, G. Musiol

(Technische Universität Dresden, Sektion Physik)[2])

Die MEZKAT wurde zur Absolut- und Präzisionsbestimmung von Spaltquerschnitten im Neutronenenergiebereich von 2 MeV bis 19 MeV entwickelt. Die experimentellen Ergebnisse der Spaltquerschnittsmessung von ^{233}U, ^{235}U, ^{238}U, ^{237}Np, ^{239}Pu und ^{242}Pu sind dargestellt. Über diese Aufgabe hinaus hat sich die MEZKAT bei der Anwendung der unelastischen Neutronenstreuung für die Elementanalyse als geeignet erwiesen.

The TCAPM was developed to absolute and precise fission cross section measurement for neutron energies from 2 MeV up to 19 MeV. Experimental results of absolute fission cross section measurements on ^{233}U, ^{235}U, ^{238}U, ^{237}Np, ^{239}Pu and ^{242}Pu are given. Furthermore the TCAPM is suitable for the application of inelastic scattering of neutrons by the analysis of element contents.

Keywords

carbon; fast neutrons; cross sections; inelastic scattering; measuring instruments; neptunium; plutonium; uranium

1. Einleitung

Die Methode der zeitlich korrelierten assoziierten Teilchen (MEZKAT) dient der Untersuchung und der Anwendung prompter Neutronenreaktionen. Sie wurde erstmals Anfang der 70er Jahre im Radiuminstitut „V. G. Chlopin" in Leningrad zur präzisen Messung des absoluten Spaltquerschnittes von Nukliden mit hohen α-Zerfallsraten entwickelt [1]. Seit 1975 besteht eine enge Forschungszusammenarbeit zwischen dem Radiuminstitut Leningrad und der Technischen Universität Dresden, Sektion Physik, in deren Ergebnis die Anwendung der MEZKAT für absolute Spaltquerschnittsmessungen auf einen größeren Neutronenenergiebereich ausgedehnt werden konnte und die sehr genaue Bestimmung von Spaltquerschnitten mehrerer Nuklide erfolgte.

Darüber hinaus hat sich die MEZKAT zur Bestimmung von Gammaproduktionsquerschnitten bei der unelastischen Neutronenstreuung als geeignet erwiesen [2, 3]. Die unelastische Neutronenstreuung gewinnt zunehmendes Interesse bei der Elementanalyse von Stoffen geringer Ordnungszahl. Hierbei ist die MEZKAT wirkungsvoll zur Verbesserung des Meßeffekt/Untergrund-Verhältnisses einsetzbar. Da die MEZKAT eine Absolutmethode ist, können mit ihrer Hilfe strahlungstransporttheoretische Berechnungen sehr gut experimentell überprüft werden.

Anschriften: [1]) UdSSR, 197022 Leningrad, ul. Rentgena, d. Nr. 1; [2]) DDR-8027 Dresden, Mommsenstr. 13

2. Meßmethode

Bei der Erzeugung von Neutronen in den Quellreaktionen T(d,n)^{4}He und D(d,n)^{3}He besteht ein eindeutiger Zusammenhang zwischen der Einschußenergie der Deuteronen und den Energien und Emissionsrichtungen der Neutronen und der assoziierten Teilchen. Die absolute Bestimmung der Neutronen ist durch die Registration der geladenen assoziierten ^{4}He- bzw. ^{3}He-Teilchen möglich. Durch einen Detektor für die assoziierten Teilchen wird ein Konus dieser Teilchenstrahlung erfaßt, dem in der gewählten Richtung ein Konus der Neutronenstrahlung entspricht. Die Registration der Koinzidenzen zwischen den nachgewiesenen assoziierten Teilchen und den durch die Neutronen ausgelösten Kernreaktionen ermöglicht die absolute Bestimmung der Wahrscheinlichkeit für diese Kernreaktionen.

Abb. 1 zeigt als Beispiel eine Meßanordnung zur Spaltquerschnittsbestimmung bei einer Neutronenenergie von 4,5 MeV [4]. Der 5-MeV-Deuteronenstrahl gelangt über

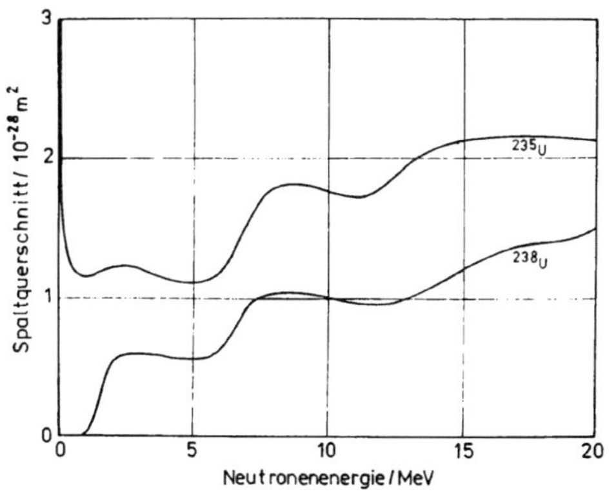

Abb. 1. Schematische Darstellung der Spaltquerschnitte von ^{235}U und ^{238}U in Abhängigkeit von der Neutronenenergie

einen Kollimator zum Deuteriumtarget. Der Nachweis der assoziierten Teilchen erfolgt mit einem Detektorteleskop, das aus zwei Silicium-OB-Detektoren von 9 µm und 37 µm Dicke besteht. Diese Anordnung ist notwendig, weil im Target auch durch die ^{12}C(d, α)-Reaktion α-Teilchen entstehen, die im 9 µm-Detektor absorbiert werden. Die Energie der ^{3}He-Teilchen wird aus der Summe beider Detektorsignale bestimmt. Damit ist eine eindeutige Identifikation der zur Neutronenerzeugungsreaktion gehörenden assoziierten Teilchen möglich. Der durch die Aperturblende des Detektorteleskops bestimmte Konus der Neutronenstrahlung ist so gewählt, daß er vollständig von den Targets der Spaltkammer überdeckt wird. Dadurch kann der Spaltquerschnitt direkt aus der einfachen Beziehung

$$\sigma_f = \frac{N_f}{N_{AT} \cdot n}$$

berechnet werden. Dabei ist N_f die Zahl der Koinzidenzen, N_{AT} die Zahl der registrierten assoziierten Teilchen und n die Zahl der spaltbaren Targetkerne je Flächeneinheit.

Der wesentliche Vorteil der MEZKAT besteht darin, daß die Bestimmung der Detektorgeometriefaktoren und der absoluten Nachweiseffektivität des Detektors der assoziierten Teilchen entfallen. Voraussetzung für eine genaue Messung sind ausreichend dünne und homogene Spalttargetschichten genau bekannter Flächendichte und die sorgfältige Bestimmung der Nachweiseffektivität der Spaltkammer für die Spaltfragmente.

3. Messung von Spaltquerschnitten

Die Erhöhung der Genauigkeit der wichtigsten Spaltquerschnitte auf 1 bis 3% ist für die Analysenmeßtechnik und die Kernenergetik notwendig [5]. Besonders hohe Anforderungen werden an die Genauigkeit des Spaltquerschnittes von ^{235}U und neuerdings auch ^{238}U auf Grund ihrer Anwendung als Standardquerschnitt im Bereich von 100 keV bis 20 MeV Neutronenenergie gestellt.

Der Spaltquerschnitt besitzt im Energiebereich oberhalb 1 MeV charakteristische Plateaus, in denen er sich nur wenig mit der Energie ändert (Abb. 2) [6]. Absolutmessungen sollten deshalb besonders bei Energien innerhalb dieser Plateaus durchgeführt werden. Im Rahmen des gemeinsamen Meßprogramms wurden deshalb absolute Spaltquerschnittsmessungen mit einem Neutronengenerator bei Deuteroneneinschußenergien von 120 bis 150 keV bei den Neutronenenergien von 14,7 MeV und 2,6 MeV durchgeführt [7, 8]. Mit Neutronenenergien von 4,5 MeV, 8,7 MeV und 18,5 MeV wurden am Tandemgenerator EGP-10 des ZfK Rossendorf bei Deuteronenenergien von 5 bis 9,5 MeV Spaltquerschnitte gemessen [4].

Trotz des einfachen Meßprinzips bedarf es eines erheblichen methodischen Aufwandes, um die mit der MEZKAT mögliche Genauigkeit wirklich zu erreichen. Zur Erzielung von statistischen Fehlern unter 1% sind effektive Meßzeiten von mehreren Wochen erforderlich. Die im Zusammenhang mit Präzisionsmessungen auftretende Forderung nach ständiger Kontrolle und Protokollierung der wichtigsten experimentellen Bedingungen und Zwischenergebnisse ist nur durch Automatisierung des Experiments und Ankopplung eines Rechners zur Datenerfassung realisierbar. Tab. 1 zeigt die derzeit vorliegenden Meßergebnisse. Diese Genauigkeit wurde bisher mit keiner anderen Methode erreicht.

4. Unelastische Neutronenstreuung

Die Anwendung der unelastischen Neutronenstreuung ist besonders für die Elementgehaltsbestimmung in inhomogenen Schüttgütern mit stark schwankender chemischer Zusammensetzung von praktischer Bedeutung [9]. Sie stellt eine Möglichkeit zur Kohlenstoffgehaltsbestimmung und damit zur Bewertung von Rohkohle dar. Wegen des relativ kleinen Wirkungsquerschnitts und der hohen Anregungsenergie für das untere Kernniveau des Kohlenstoffisotops wird eine intensive Neutronenstrahlung mit hin-

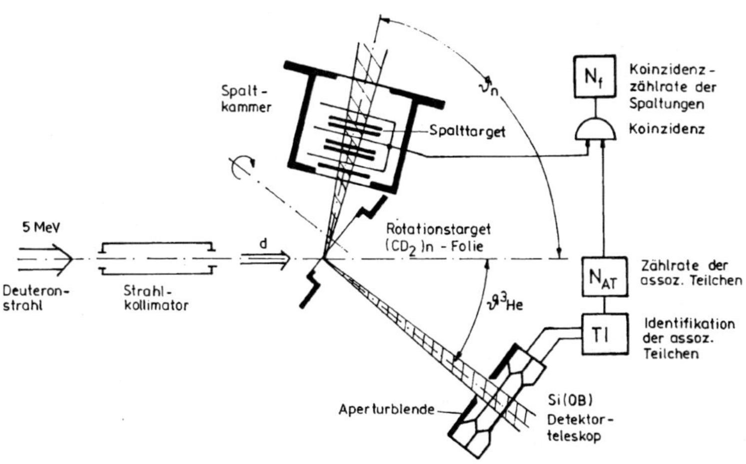

Abb. 2. Prinzip der Meßanordnung zur Spaltquerschnittsbestimmung bei einer Neutronenenergie von 4,5 MeV

Tab. 1. Mit der MEZKAT gemessene Spaltquerschnitte (*) vorläufige Ergebnisse)

Nuklid	Neutronenenergie, MeV	Spaltquerschnitt, 10^{-28} m²
$^{233}_{92}$U	14,7 ± 0,15	2,244 ± 0,039
$^{235}_{92}$U	2,6 ± 0,15	1,215 ± 0,018
	4,5 ± 0,2	1,057 ± 0,022
	8,7 ± 0,14	1,801 ± 0,043
	14,7 ± 0,15	2,085 ± 0,023
	18,8 ± 0,2	1,994 ± 0,044
$^{238}_{92}$U	14,7 ± 0,15	1,166 ± 0,021
$^{237}_{93}$Np	8,7 ± 0,14	2,151 ± 0,045
	14,7 ± 0,15	2,226 ± 0,024
$^{239}_{94}$Pu	4,8 ± 0,2	1,739 ± 0,034*)
	8,7 ± 0,14	2,406 ± 0,070*)
	14,7 ± 0,15	2,394 ± 0,024
	18,8 ± 0,2	2,479 ± 0,086*)
$^{242}_{94}$Pu	14,7 ± 0,15	2,078 ± 0,045

reichend hoher Energie notwendig. Als technisch realisierbare Möglichkeit für ein Analysenmeßverfahren mit ausreichend kurzer Meßzeit kommt als Neutronenquelle ein DT-Neutronengenerator in Frage.

Bei der Bestrahlung von Kohlenstoff mit 14-MeV-Neutronen ist neben dem ersten die Anregung höherenergetischer Niveaus möglich, deren Abregung ebenfalls zur Emission von 4,43-MeV-Gammaquanten führt. Daher ist die Kenntnis des Gammaproduktionsquerschnittes für die Berechnung des Meßeffekts erforderlich. Der Produktionsquerschnitt wurde mit Hilfe der MEZKAT zu $\sigma_{\gamma\,\mathrm{Prod.}}$ (4,43 MeV) = (221 ± 17) 10^{-31} m² bestimmt [3]. Er ergibt sich aus

$$\sigma_{\gamma\,\mathrm{Prod.}}\ (4{,}43\ \mathrm{MeV}) = \frac{N}{N_n \cdot n_C}$$

wobei N die Zahl der von einem Streuer mit n_C Kohlenstoffatomen je Flächeneinheit emittierten 4,43-MeV-Gammaquanten und N_n die Zahl der auf den Streuer treffenden 14,7-MeV-Neutronen ist. Die Zahl der Neutronen folgt aus der Zählrate der assoziierten Teilchen. Die Anzahl der emittierten 4,43-MeV-Gammaquanten wurde aus dem Impulshöhenspektrum eines (3″ × 3″)-NaJ(Tl)-Szintillationsdetektors bestimmt, dessen Impulse in Koinzidenz mit denen der assoziierten Teilchen registriert wurden. Die Bestimmung des Geometriefaktors und der Nachweiseffektivität des Szintillationsdetektors erfordern besondere Sorgfalt, da hierbei die für die MEZKAT typische Verteilung der Neutronen im Konus berücksichtigt werden muß. Die Bestimmung erfolgte experimentell durch eine geeignete Masseverteilung der zur Kalibrierung verwendeten Gammastrahlungsquelle [3]. Der gegenüber der Spaltquerschnittsmessung relativ große Fehler von 7,7% wird vor allem durch den Fehler der Berechnung des Einflusses der anisotropen Emission der Gammaquanten bei der unelastischen Streuung der Neutronen und durch den Fehler bei der Bestimmung der Nachweiseffektivität des NaJ(Tl)-Detektors hervorgerufen.

Für Meßverfahren unter Ausnutzung der unelastischen Neutronenstreuung ist ein hoher Untergrund der Gammastrahlung charakteristisch. Er wird hervorgerufen durch Reaktionen der Neutronen an Anlagenteilen außerhalb der Meßprobe, vor allem im Detektor, und Neutroneneinfangsreaktionen in der Meßprobe. Bei der MEZKAT werden nur die Reaktionen im Neutronenkonus erfaßt, die einen durch die Koinzidenzschaltung bestimmten zeitlichen Abstand zum Signal der assoziierten Teilchen haben. Durch diese räumliche und zeitliche Informationsauswahl

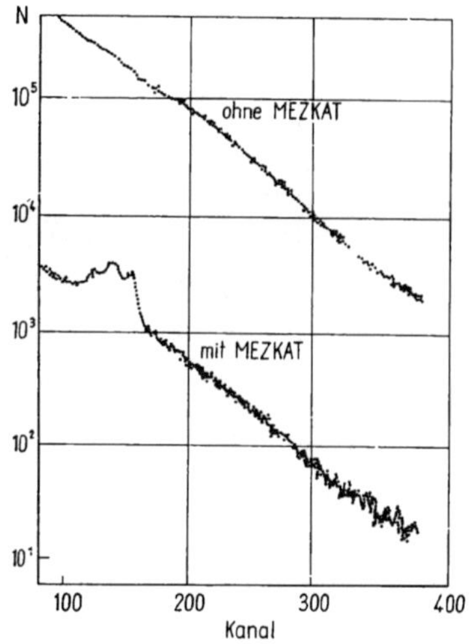

Abb. 3. Energiespektrum der Quantenstrahlung bei der unelastischen Neutronenstreuung an Kohlenstoff. Gemessen mit (3″ × 3″)-NaJ(Tl)-Szintillationsdetektor mit und ohne MEZKAT [10]

— man spricht daher auch von elektronischer Kollimierung — wird erreicht, daß im wesentlichen die Gammastrahlung unelastischer Neutronenreaktionen in der Meßprobe registriert wird. Abb. 3 zeigt die Gammaenergiespektren einer Graphitprobe, wobei eine Reduzierung des Untergrundes um den Faktor 250 erreicht wurde [10].

Als Grundlage der technischen Anwendung der unelastischen Neutronenstreuung zur Kohlenstoffgehaltsbestimmung am Förderband sind Aussagen über die günstigste Meßgeometrie, den Einfluß der Bandbeladung (Schütthöhe, Schüttprofil, Dichte der Braunkohle) und des Förderbandes sowie wichtiger elementarer Bestandteile der Braunkohle (Wasserstoff, Sauerstoff, Eisen) auf den Meßwert notwendig. Diese Untersuchungen sind effektiv nur durch mathematische Modellierung der Wechselwirkungsprozesse von Neutronen und Gammaquanten mit Hilfe der Monte-Carlo-Methode durchführbar. Die Übereinstimmung von Rechnung und Messung kann mit Hilfe der MEZKAT anhand ausgewählter experimenteller Anordnungen sehr gut überprüft werden [11].

Eingegangen am 6. 2. 1985

Literatur

[1] *I. D. Alchazov, V. P. Kasatkin, O. I. Kostočkin, L. Z. Malkin, A. V. Sorokina, K. A. Petržak, A. V. Fomičev, V. I. Špakov, B. V. Rumjanzev, A. M. Sokolov*, Mat. d. II. Konferenz über Neutronenphysik, Kiew 1973, Bd. IV, S. 13, Obninsk 1974

[2] *Le Chi Thanh*, Dissertation TU Dresden, Sektion Physik, 1982

[3] *U. Richter*, Dissertation TU Dresden, Sektion Physik, 1983

[4] *R. Arlt, C. M. Herbach, M. Josch, G. Musiol, H.-G. Ortlepp, G. Pausch, W. Wagner, L. V. Drapčinsky, E. A. Ganza, O. I. Kostočkin, S. S. Kovalenko, V. I. Špakov*, Paper contributed to the IAEA Advisory Group Meeting on Nuclear Standard Reference Data at Geel, November 1983

[5] *R. Arlt, W. Meiling, G. Musiol, H.-G. Ortlepp, R. Teichner, W. Wagner, I. D. Alchazov, O. I. Kostočkin, S. S. Kovalenko, K. A. Petržak, V. I. Špakov*, Kernenergie **24** (1981) 48

[6] *N. Bohr, J. A. Wheeler*, Phys. Rev. **56** (1939) 426

[7] *R. Arlt, W. Meiling, G. Musiol, H.-G. Ortlepp, R. Teichner, W. Wagner, I. D. Alchazov, O. I. Kostočkin, S. S. Kovalenko, K. A. Petržak, V. I. Špakov*, Preprint 05-36-79, Technische Universität Dresden 1980

[8] *R. Arlt, H. U. Heidrich, M. Josch, G. Musiol, H.-G. Ortlepp, R. Teichner, W. Wagner*, Preprint 05-22-81, Technische Universität Dresden 1982

[9] *B. Heinrich, G. Musiol, U. Richter*, Isotopenpraxis **19** (1983) 309

[10] *B. Heinrich*, Dissertation TU Dresden, Sektion Physik, 1985

[11] *R. Pötschke*, Dissertation TU Dresden, Sektion Physik, 1985

Isotopenpraxis **21** (1985) 10, S. 347 bis 351

Detektoren aus neutronendotiertem Silizium als Kernstrahlungssensoren für Industrieroboter

L. Bischoff[1]), *K. Irmer*[2]), *G. Zschornack*[2])

([1]) Zentralinstitut für Kernforschung der AdW der DDR; [2]) Technische Universität Dresden, Sektion Physik, Wissenschaftsbereich Angewandte Kernphysik)

Aus geeignetem p-Silizium wurde durch Neutronendotierung n-Silizium hergestellt, welches zur Herstellung von Detektorstrukturen verwendet wurde. Es wird nachgewiesen, daß diese Detektoren zur Spektrometrie von α-, β- und γ-Strahlung bei Raumtemperatur und zum Zählbetrieb geeignet sind. Anhand der Zählung und der Spektrometrie von Elektronen wird die Eignung der entwickelten Detektoren als Kernstrahlungssensoren für Industrieroboter untersucht und nachgewiesen.

n-Silicon was produced by neutron transmutation doping from suitable p-Silicon, which was used to manufacture detector structures. It was pointed out, that these detectors are applicable to provide α-, β- and γ-spectrometry and counting at room temperature. For electron counting and spectrometry, the aptitude of the developed detectors as nuclear radiation sensors for industrial robots was analysed and demonstrated.

Keywords

alpha detection; beta detection; crystal doping; gamma radiation; neutron reactions; n-type-conductors; p-type-conductors; silicon 30 target; Si semiconductor detectors; thermal neutrons; X radiation

1. Einleitung

Die Eigenschaften und Einsatzmöglichkeiten von Kernstrahlungssensoren werden wesentlich von der Qualität des eingesetzten Detektors bestimmt. Ausgehend von dem breiten Einsatzgebiet, den unterschiedlichsten Anforderungen in Forschung und Industrie und den neuen Möglichkeiten, die sich aus dem Entwicklungsstand der Mikroelektronik ergeben, werden folgende komplexe Anforderungen an Nachweissysteme für ionisierende Strahlung gestellt:

- hohe Energieauflösung und Nachweiseffektivität
- variabler Temperaturbereich 77 K $\leqq T \leqq$ 300 K
- atmosphärenunabhängige Eigenschaften
- kompakte Form
- geringe Herstellungskosten
- Möglichkeit positionsempfindlicher Messung

In Abhängigkeit von der konkreten Zielstellung erfolgt eine starke Akzentuierung der an den Detektor zu stellenden Forderungen. Besonders gut werden den zu stellenden Forderungen Halbleiterdetektoren – wegen ihres Energieauflösungsvermögens und der hohen Nachweiseffektivität – gerecht. Jedoch sind die Herstellungskosten und das Arbeitsregime herkömmlicher Halbleiterdetektoren (Si(Li), Ge(Li), HPGe) für eine breite Anwendung zu aufwendig. Eine Alternative zu der problematischen Züchtung hochohmiger n-Silizium-Kristalle mit homogenen Ladungsträgerverteilungen und einer geringen Zahl von Verunreinigungen ist die von *Messier* [1] vorgeschlagene Neutronendotierung (NTD) von p-Silizium-Kristallen. Dabei wird ausgenutzt, daß mit der Verbesserung der Floating-Zonen-Technik bei der p-Siliziumherstellung Ausgangsmaterial zur Verfügung steht, aus dem über die Neutronendotierung hochohmiges n-Silizium hergestellt werden kann. Ergebnisse erster Untersuchungen und Einsatzstudien beweisen, daß neutronendotiertes n-Silizium für die Spektrometrie von Kernstrahlung prinzipiell geeignet ist. Die Anwendung von Detektoren aus neutronendotiertem Silizium ist bei Raumtemperatur möglich und ermöglicht es aufgrund der Planartechnologie bei der Detektorherstellung, komplizierte Strukturen zu erzeugen.

Die Kompaktheit der hergestellten Detektoren in Verbindung mit ihren günstigen Betriebsparametern (Arbeit bei Raumtemperatur, niedrige Detektorspannungen) bedingt ihre besondere Eignung als Kernstrahlungssensor für industrielle Anwendungen. Hier entsteht durch die Möglichkeit des berührungslosen Messens eine interessante Perspektive für den Einsatz von Kernstrahlung zur Lösung spezieller Probleme in der Produktion und Technik. Dabei kommt der β-Strahlung aufgrund ihrer guten Meßbarkeit besondere Bedeutung zu. Vielfältig einsetzbar sind Meßanordnungen, die die Rückstreuung von β-Strahlung an Materialoberflächen ausnutzen, da das Meßgut dabei nur einseitig zugängig sein muß. Prinzipiell sind solche Meßanordnungen schon seit ca. 30 Jahren bekannt. Das Neue besteht darin, daß sich mit Si-Halbleiterdetektoren sehr kleine Meßanordnungen realisieren lassen, die einfach an den Organen automatisierter Fertigungsmechanismen, z.B. an Greifern eines Roboters montiert werden können. Aber auch die Anwendung von Durchstrahlungsanordnungen mit α-Strahlung besitzt ein breites Applikationsfeld, in dem den unterschiedlichsten Anforderungen der Industrie Rechnung getragen wird. In enger Zusammenarbeit der Sektion Physik der TU Dresden, WB Angewandte Kernphysik, mit dem ZfK Rossendorf, Bereich KF, werden Halbleiterdetektoren aus hochohmigem neutronendotiertem Silizium entwickelt, die als Sensoren für

Anschriften: [1]) DDR-8051 Dresden, Postfach 19; [2]) DDR-8027 Dresden, Mommsenstr. 13

Industrieroboter, aber auch für spezielle Aufgaben in der Kernphysik Anwendung finden. Einen besonderen Schwerpunkt der Arbeit bilden die Untersuchungen zu Problemen der Detektorherstellungstechnologie und der Applikation unter industriellen Bedingungen.

2. Halbleiterdetektoren aus neutronendotiertem Silizium

2.1. *Technologie*

Ein ausführlicher Überblick zur Herstellung von hochohmigem NTD-n-Silizium wird von *Geßner* [2] gegeben. Als Ausgangsmaterial für die Herstellung von NTD-n-Si wird zonengefloatetes p-Silizium im Widerstandsbereich $\varrho_P = 30-100\ \Omega m$ mit Minoritätsträgerlebensdauern von etwa 1 ms verwendet. Die Neutronendotierung erfolgt bei der Bestrahlung von ^{30}Si mit thermischen Neutronen über die Reaktion

$$^{30}Si(n,\gamma)^{31}Si \xrightarrow[2{,}62h]{\beta^-} {}^{31}P \qquad (1)$$

Ein Dotierungseffekt wird erst nach einer zusätzlichen Temperung erreicht, da die Phosphoratome ursprünglich durch die Rückstoßenergie der (n,γ)-Reaktion nicht auf reguläre Gitterplätze eingebaut werden. Der Widerstand des NTD-n-Si kann bei bekannter Neutronenflußdichte Φ über die Bestrahlungszeit t durch die Variation der erzeugten Phosphoratome N_P eingestellt werden:

$$N_P = N_0 \cdot \sigma \cdot \Phi \cdot t \qquad (2)$$

σ beschreibt den Wirkungsquerschnitt für die (n,γ)-Reaktion und N_0 die Zahl der vorhandenen ^{30}Si-Atome. Widerstandsvariationen sind in Abhängigkeit vom Ausgangsmaterial und unter Berücksichtigung des Anwendungszweckes der erzeugten Strukturen im Bereich zwischen 30 Ωm und 1000 Ωm möglich.

Da das Neutronenspektrum des zur Bestrahlung verwendeten Kernreaktors auch schnelle Neutronen enthält, werden durch diese Neutronenkomponente Strahlenschäden im Siliziumkristall erzeugt. Diese können eine Reduzierung der Minoritätsträgerlebensdauer von 50% bis 75% gegenüber den Werten des Ausgangssiliziums bewirken. Eine weitgehende Ausheilung der durch elastische Stöße mit schnellen Neutronen entstandenen Gitterstörungen kann durch eine zusätzliche Temperung im Temperaturbereich 600 °C ≦ T ≦ 800 °C erfolgen. Getterverfahren erlauben es, eine Minoritätsträgerlebensdauer zu erreichen, welche die des Ausgangsmaterials übertrifft. Das so erzeugte hochohmige n-Silizium dient als Basismaterial für die Halbleiterdetektorherstellung mit Hilfe der Planartechnologie, welche eine variable Fertigung entsprechend der Anwendungsaufgabe des Halbleiterdetektors ermöglicht. Hochohmiges NTD-n-Si hat aufgrund des hohen spezifischen Widerstandes und der hohen Elektronenbeweglichkeit ($\mu_n \leqq 3\mu_p$) den Vorteil, daß sich bereits bei relativ niedrigen Detektorspannungen tiefe Raumladungszonen ausbilden und die Sammel- und Rauscheigenschaften des Detektors verbessert werden.

Eine vereinfachte schematische Darstellung der Planartechnologie für die Detektorherstellung wird in Abb. 1 angegeben.

2.2. *Experimentelle Untersuchungen der Detektoreigenschaften*

Mit Halbleiterdetektoren aus NTD-n-Si unterschiedlicher Geometrie wurde die Eignung dieser Detektoren für folgende Aufgabenstellung anhand charakteristischer Messungen geprüft:

- α-Spektrometrie
- β-Spektrometrie
- β-Zählmessungen

In Abb. 2 und 3 sind die Strom-Spannungs-Kennlinien verschiedener Detektoren bei unterschiedlichen Betriebstemperaturen angegeben. Für niedrige Detektorspannungen liegt der Detektorsperrstrom für NTD-n-Si bei mit Si(Li)-Detektoren vergleichbaren Werten, steigt oberhalb 150 V jedoch für alle NTD-n-Si-Detektoren steil an. Die bei Raumtemperatur gemessenen Sperrströme erlauben keine hochauflösende Röntgenspektrometrie, sind aber für die β- und α-Spektrometrie in vielen Anwendungsfällen hinreichend klein.

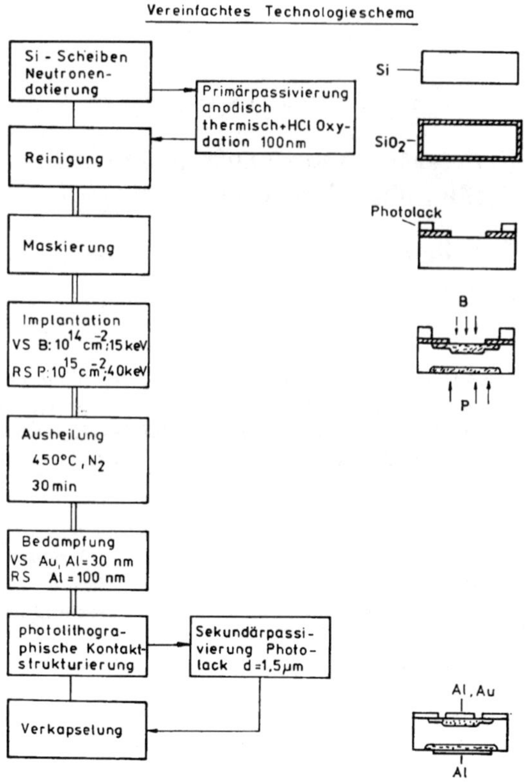

Abb. 1. Vereinfachte schematische Darstellung der Planartechnologie für die Herstellung von Detektoren aus NTD-n-Si

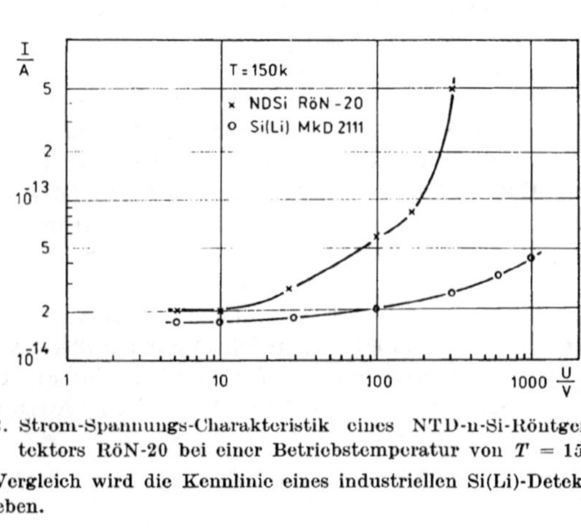

Abb. 2. Strom-Spannungs-Charakteristik eines NTD-n-Si-Röntgendetektors RöN-20 bei einer Betriebstemperatur von T = 150 K
Zum Vergleich wird die Kennlinie eines industriellen Si(Li)-Detektors angegeben.

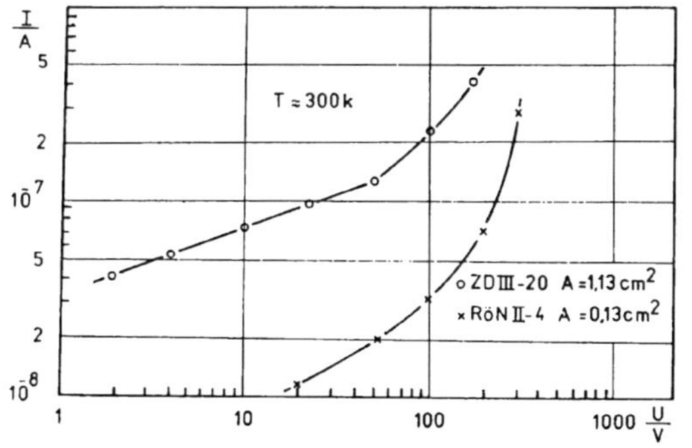

Abb. 3. Strom-Spannungs-Charakteristik der NTD-n-Si-Detektoren RöN II-4 ZD III-20 bei Raumtemperatur

A – empfindliche Detektoroberfläche

Tab. 1. Parameter von Röntgendetektoren bei $T = 77$ K. Als Quelle wird ^{55}Fe verwendet.

Parameter	vorliegende Arbeit	*Kim* u. a. [3]
Vorverstärker	kontinuierliches Drain-Feedback	optoelektronisches Feedback
ΔE (Si(Li))	220 eV	160 eV
ΔE (NTD-Si)	296 eV	220 eV
U_{Det}	100 V	200 V
A	0,13 cm²	0,26 cm²
C	2,5 pF	1,2 pF

ΔE (Si(Li)) – Halbwertsbreite eines Si(Li)-Vergleichsdetektors; ΔE (NTD-Si) – Halbwertsbreite des untersuchten Detektors aus NTD-n-Si; U_{Det} – Detektorspannung; A – effektive Detektorfläche; C – Detektorkapazität

Die bisher für NTD-n-Si-Detektoren erreichte Spitzenauflösung bei $T = 77$ K wird in Tab. 1 den Resultaten von *Kim* u. a. [3] gegenübergestellt. Das entsprechende mit einer ^{55}Fe-Quelle gemessene MnK$_\alpha$-Röntgenspektrum wird in Abb. 4 gezeigt. Bei Temperaturen um $T \approx 200$ K ist die Energieauflösung von NTD-n-Si-Detektoren vergleichbar mit der von Si(Li)-Detektoren (~ 500 eV für MnK$_\alpha$).

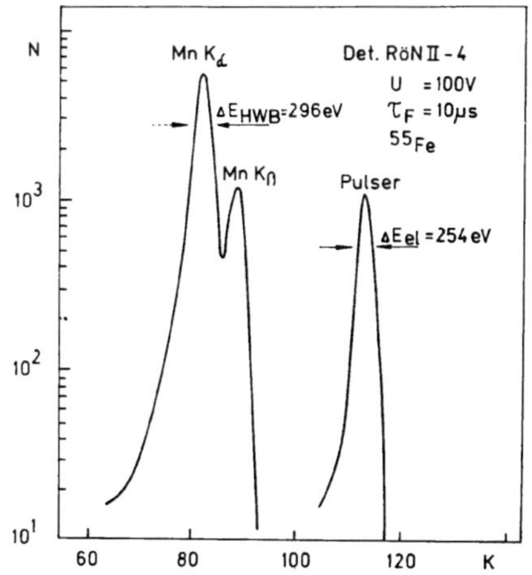

Abb. 4. Mit einer ^{55}Fe-Quelle gemessenes MnK-Röntgenspektrum

U – Detektorspannung; τ_F – Formierungszeitkonstante der Auswerteelektronik

Das Zählverhalten bei der Registrierung von Elektronen einer ^{90}Sr-Quelle wird in Abb. 5 dargestellt. Für Detektorspannungen zwischen 35 V und 150 V ist ein ideales Plateau in der Zählcharakteristik zu verzeichnen. Die Spektrometrie von β^--Strahlung einer ^{137}Cs-Quelle bei Raumtemperatur wird durch Abb. 6 charakterisiert.

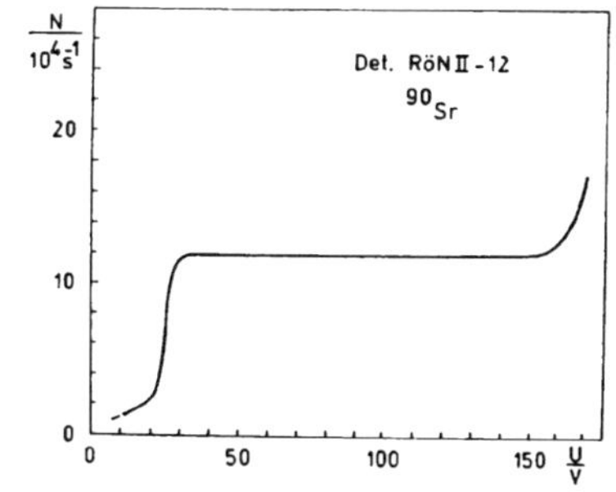

Abb. 5. Zählcharakteristik eines NTD-n-Si-Detektors für Elektronen einer ^{90}Sr-Quelle bei Raumtemperatur

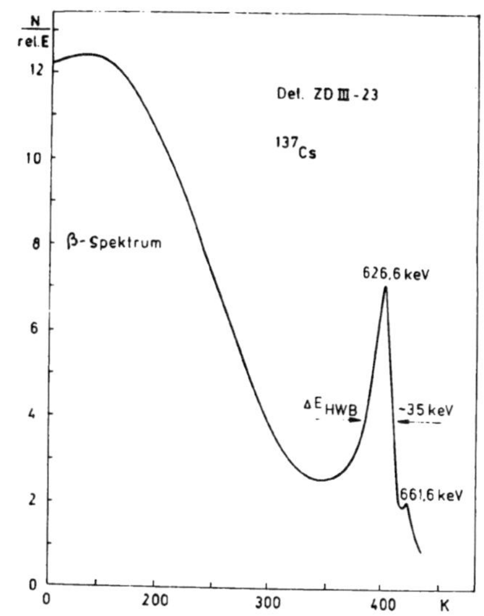

Abb. 6. Energiespektrum der Elektronen einer ^{137}Cs-Quelle bei Raumtemperatur

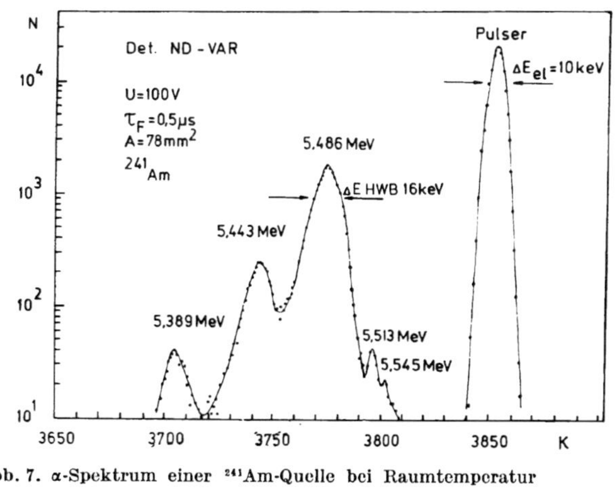

Abb. 7. α-Spektrum einer ^{241}Am-Quelle bei Raumtemperatur

U – Detektorspannung; τ_F – Formungszeitkonstante der Auswerteelektronik; A – effektive Detektorfläche

Korrektur: Statt ΔE HWB lies ΔE_{HWB}

Tab. 2. Parameter von α-Detektoren bei Raumtemperatur. Als Quelle wird ^{241}Am verwendet.

Parameter	vorliegende Arbeit	*Kim* u. a. [3]
ΔE	16 keV	15 keV
ΔE_{el}	10 keV	–
A	0,8 cm²	2 cm²

ΔE – Halbwertsbreite; ΔE_{el} – elektronischer Rauschbeitrag; A – effektive Detektorfläche

Das Leistungsvermögen von NTD-n-Si-Detektoren für die α-Spektrometrie bei Raumtemperatur wird in Abb. 7 anhand eines ^{241}Am-α-Spektrums gezeigt. Die dabei erhaltenen Resultate werden in Tab. 2 denen von *Kim* u. a. [3] gegenübergestellt.

Die Untersuchungen der spektrometrischen Eigenschaften von NTD-n-Si-Detektoren beweisen die prinzipielle Verwendbarkeit dieser Detektoren für die α-, β- und Röntgenspektrometrie. Dabei bestimmen die erreichten Betriebsparameter das Einsatzfeld der Detektoren. Vorteilhaft sind diese gegenwärtig dort einzusetzen, wo keine Spitzenauflösungen gefordert werden, dafür aber Wert auf einen robusten, zuverlässigen und wenig aufwendigen Detektor gelegt wird.

3. Der Einsatz neutronendotierter Halbleiterdetektoren als Kernstrahlungssensor

Versuchsmuster von neutronendotierten Halbleiterdetektoren wurden schon in den verschiedensten Anwendungsbereichen eingesetzt und deren Funktionstüchtigket nachgewiesen. Im folgenden soll dies anhand ausgewählter Probleme von β-Rückstreumessungen detaillierter diskutiert werden.

Bei der Robotersteuerung ist die Abstandsmessung für eine Annäherung von größeren Entfernungen aus wichtig. Wird die Entfernung mit Hilfe der β-Rückstreuung bestimmt, ist die Zählrate am Detektorausgang abhängig vom Abstand des Reflektors von der Meßanordnung und vom Material des Reflektors. Abb. 8 zeigt die Abhängigkeit der Zählrate N vom Abstand x.

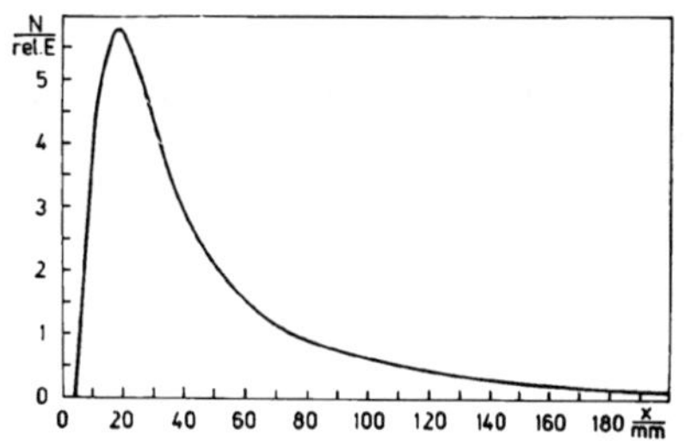

Abb. 8. Abhängigkeit der Zählrate N vom Abstand X des Reflektors von der Meßanordnung bei β-Rückstreumessungen

Die Steuerrechner bedienarmer Fertigungseinrichtungen verfügen derzeit in den meisten Fällen nur über Eingänge, die ein Schaltsignal erfordern. Daher muß die Impulsfolge des Detektors extern ausgewertet werden. Dies erfolgt mit Hilfe eines oder mehrerer Digital-Analog-Umformer (DAU) in Verbindung mit Grenzwertschaltern. Damit wird beim Anliegen einer bestimmten Impulsfolgefrequenz ein Schaltsignal ausgelöst. Als DAU werden Tiefpaßschaltungen verwendet, deren effektive Zählzeit der doppelten Zeitkonstanten entspricht. Die Einstellung der Zeitkonstanten und der Schwelle des Grenzwertschalters ermöglicht die Anpassung an den beabsichtigten Meßvorgang. Erfolgt die Annäherung der Meßanordnung an den Reflektor mit der Geschwindigkeit v, so wird durch die Zeitkonstante τ des DAU gegenüber dem eingeschwungenen Zustand eine Abweichung des Meßwertes $\Delta x = v \cdot \tau$ hervorgerufen. Durch den zufälligen Charakter des radioaktiven Zerfalls unterliegt die Spannung am DAU statistischen Schwankungen, deren relative Standardabweichung $(2\tau n)^{1/2}$ beträgt. Somit entsteht beim Erreichen eines vorgegebenen Schwellwertes des Grenzwertschalters gegenüber dem Istwert eine Abweichung

$$\Delta x = v\tau \pm K \sqrt{\frac{n}{2\tau}} \frac{1}{\frac{\mathrm{d}n}{\mathrm{d}x}} \tag{3}$$

Der Faktor K definiert dabei die statistische Sicherheit. Daraus folgt eine optimale Zeitkonstante, bei der die Abweichung minimal ist:

$$\tau = \sqrt{\frac{K^2 n}{8 v^2} \left(\frac{\mathrm{d}n}{\mathrm{d}x}\right)^2} \tag{4}$$

Abb. 9 zeigt den Einfluß von v und τ auf Δx für die in Abb. 8 dargestellte Abhängigkeit. Bei einer Messung mit einer ^{90}Sr-Quelle (35 MBq) und Cadmium als Reflektormaterial gilt für $x \geqq 50$ mm die Funktion $n = 9{,}125 \cdot 10^6\ \mathrm{mm}^2/x^2 \cdot \mathrm{s}$. Mit $K = 3$ (99,9% aller möglichen statistischen Abweichungen) wurden die größten Abweichungen berechnet. Bei konstantem Abstand zum Reflektor kann dessen effektive Ordnungszahl bestimmt werden. Da die β^--Strahlung ein kontinuierliches Spektrum mit Teilchenenergien zwischen Null und einem Maximalwert aufweist, ist auch das Impulshöhenspektrum der reflektierten Strahlung ein kontinuierliches Spektrum, welches stark von der Ordnungszahl des Reflektors abhängt. Abb. 10 zeigt am Ausgang eines NTD-n-Si-Detektors gemessene Impulshöhenspektren für verschiedene Reflektormaterialien. Die deutliche Ordnungszahlabhängigkeit der erhaltenen Spektren ermöglicht die Unterscheidung verschiedener Werkstoffe oder die Analyse von Zweistoffgemischen. Als konstanter Abstand wird dabei die Ent-

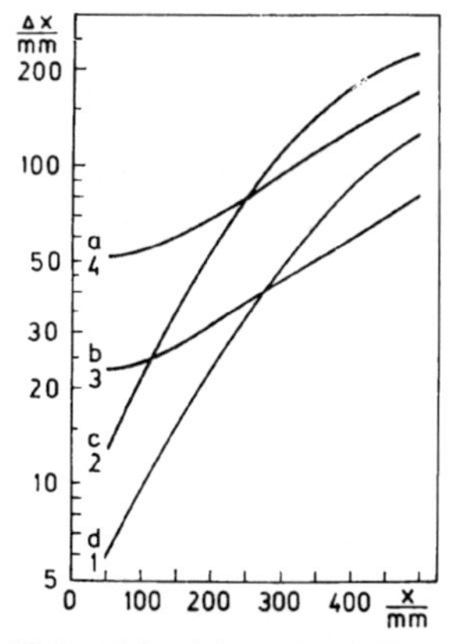

Abb. 9. Meßwertabweichung Δx als Funktion des Abstandes x zwischen Meßanordnung und Reflektor

Parameter: v = 10 mm/s (Kurven 1,3); v = 100 mm/s (2,4); τ = 0,1 s (c); τ = 0,5 s (a, d); τ = 2,15 s (b)

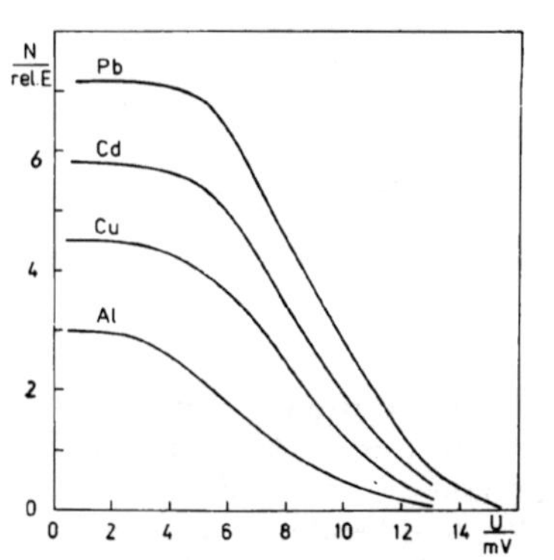

Abb. 10. Impulshöhenspektren einer ^{85}Kr-Quelle für verschiedene Reflektormaterialien

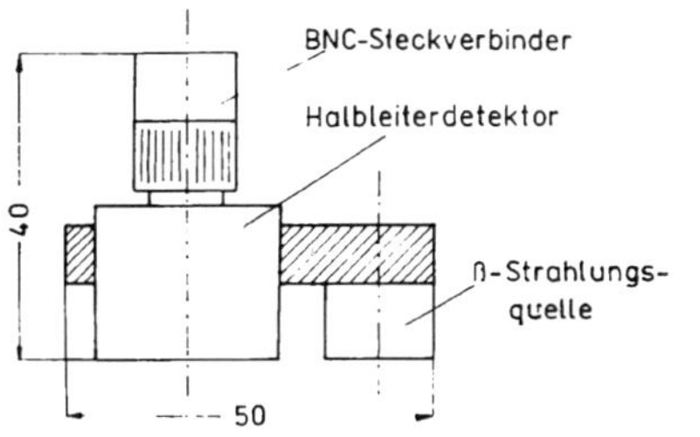

Abb. 11. Schematischer Aufbau einer β⁻-Rückstreumeßanordnung

fernung eingestellt, bei der die Zählrate ein Maximum hat (vergleiche Abb. 8). Im Bereich des Maximums wirken sich geringe Abstandsänderungen nur wenig auf den Bestimmungsfehler aus. Eine Einstellgenauigkeit von $\pm 0{,}5$ mm, wie sie für Industrieroboter charakteristisch ist, führt zu vernachlässigbaren Fehlern. Bei der Meßanordnung nach Abb. 11 liegt das Maximum der Impulsdichte bei einer Entfernung von 16mm (Detektorunterkante). Die zur Meßwertbildung beitragende Reflektorfläche beträgt 30 cm² und ist etwa kreisförmig in bezug auf die Symmetrieachse der Meßanordnung. In Abhängigkeit von der Ordnungszahl des Reflektors gilt für die Impulsdichte

$$n = n_0 Z^\alpha \qquad (5)$$

wobei der Exponent α in Abhängigkeit von der Geometrie der Meßanordnung und der Diskriminatoreinstellung Werte zwischen 0,5 und 1,1 annehmen kann. Für die nach Abb. 11 gegebene Geometrie der Meßanordnung wird beim Einsatz einer ^{90}Sr-Quelle (35MBq) und einer Diskriminatorschwelle, die alle gestreuten Beta-Teilchen oberhalb 60 keV Strahlungsenergie zu messen gestattet, $n_0 = 1200$/s und $\alpha = 0{,}65$. Bei einer Sekunde Meßzeit ist der statistische Fehler der Messung (3fache Standardabweichung) $\Delta Z/Z < 2\%$ für $Z > 6$. Damit die Bestimmung der effektiven Ordnungszahl unabhängig von der Reflektordicke ist, muß eine Mindestflächenmasse gegeben sein. Diese beträgt 550 mg je cm² bei ^{90}Sr und 100 mg/cm² bei ^{85}Kr als Strahlungsquelle.

Bei kleineren Flächenmassen des Reflektors hängt die Zählrate von der Reflektordicke ab. Dies kann zur Dikken- bzw. Auflagendickenmessung angewendet werden. Die Abhängigkeit der Zählrate läßt sich durch die empirische Funktion

$$n = n_{sA}(1 - e^{-2s_A/s_{1/2}}) + n_{sU}\, e^{-2s_A/s_{1/2}} \qquad (6)$$

beschreiben. Hierbei bedeuten

s_A – Flächenmasse der Auflage
$s_{1/2}$ – Halbwertsflächenmasse bei der Beta-Absorption (160 mg/cm² für ^{90}Sr und 28 mg/cm² für ^{85}Kr)
n_{sA}, n_{sU} – Zählraten, die bei unendlich dicker Auflage bzw. Unterlage gemessen werden (o.a. Mindestflächenmassen)

Aufgrund des exponentiellen Verlaufes der Zählrate in Abhängigkeit von der Auflagendicke nimmt der Meßfehler mit wachsender Dicke zu, und der relative Fehler hat ein Minimum. Die Auflagendicke ist nur mit einem hinreichend kleinen Fehler meßbar, wenn der Unterschied der Ordnungszahl von Auflage und Unterlage > 5 ist. Sowohl die Bestimmung der effektiven Ordnungszahl als auch die Messung der Auflagendicke können bei Meßflächen unter 150 cm² erfolgen. Voraussetzung ist dabei jedoch, daß das Meßobjekt immer gleiche geometrische Form hat und bei jeder Messung die gleiche Lage zur Meßanordnung einnimmt. Dabei ist zu beachten, daß für jedes Meßobjekt eine besondere Kalibrierung des Meßgerätes durchgeführt werden muß.

Die Abstandsmessungen und die Bestimmung der effektiven Ordnungszahl lassen sich sowohl mit ^{85}Kr als auch mit ^{90}Sr als Radionuklid durchführen. Bei der Auflagendickemessung wird der exponentielle Verlauf von der Energie der Betastrahlung bestimmt. Hierbei muß das geeignete Nuklid anhand des geforderten Meßbereiches ausgewählt werden. Vom Standpunkt des Strahlenschutzes aus ist ^{85}Kr der Vorzug zu geben. Die Reichweite der Beta-Strahlung des ^{85}Kr beträgt in Luft 2 m (maximale Teilchenenergie 672 keV) und die der ^{90}Sr-Strahlung 8,8 m. Außerdem ist ^{85}Kr als Edelgas leicht flüchtig während ^{90}Sr bei Zerstörung der Strahlenquelle zu komplizierten Kontaminationen führt.

4. Schlußfolgerungen

Die Hauptanwendungsfälle von NTD-n-Si-Detektoren liegen dort, wo tiefe Raumladungszonen zum Nachweis ionisierender Strahlung notwendig sind. Praktische Erfahrungen liegen bisher für die Anwendung der entwickelten Detektoren insbesondere auf dem Gebiet der Sensorik von Elektronen für technische Anwendungszwecke vor. Mittels β⁻-Rückstreuanordnungen ist es möglich, berührungslos Entfernungen zu messen, Manipulatoren von Industrierobotern können gesteuert werden, und Elementbestimmungen können vorgenommen werden. Mit β⁻-Durchstrahlungsmeßverfahren können kontinuierlich und berührungslos Foliendicken oder Auflageschichtdicken gemessen werden. Es existieren vielfältige Möglichkeiten, die Aufzählung ist nicht vollständig.

Weitere Applikationen sind über die Detektierung von α-Strahlung oder Quantenstrahlung im Energiebereich unterhalb 100 keV möglich. Die prinzipielle Einsetzbarkeit der Detektoren für diese Anwendungen ist nachgewiesen.

Spektrometrische bzw. Zählmessungen sind ebenfalls für hochenergetische Ionen mit niedriger Ordnungszahl, dabei insbesondere für Protonen, sinnvoll.

Eingegangen am 7. 11. 1984
Überarbeitete Fassung am 29. 1. 1985

Literatur

[1] *J. Messier*, IEEE Trans. nucl. sc., NS-11, 1964, p. 276
[2] *T. Geßner*, Isotopenpraxis **16** (1980) 218
[3] *C. Kim* et al., Nucl. Instr. Methods **193** (1982) 69

Isotopenpraxis 21 (1985) 10, S. 352 bis 354

Ash On-Line Determination in Brown Coal by Means of Scattered Forward and Transmitted 60 keV and 660 keV Photons

J. W. Leonhardt, D. Fritsche, G. Körner, H.-W. Thümmel

(Central Institute of Isotope and Radiation Research, Leipzig)[1]

Combining the 60 keV scatter-transmission signal (s. d. about 4 wt % ash) with the 660 keV transmission signal thus eliminating residual influences of thickness and density variations the s. d. can be reduced to about 2 ... 3 wt % ash. A gauge developed for on-line determination of ash content based on the 2-energy narrow beam transmission method using a micro-processor for data processing was tested at the main conveyour belt of a power station giving a s. d. of about 5 wt % ash with coal thickness variations between 5 and 40 cm.

Durch Kombination eines 60-keV-Vorwärtsstreusignals (Reststandardabweichung s_0 ca. 4% A^d) mit einem 660 keV-Transmissionssignal kann der verbliebene Einfluß von Schwankungen der Dicken und Dichte der Kohleschicht eliminiert und s_0 auf etwa 2 ... 3% A^d verringert werden. Eine Meßanordnung zur on line-Bestimmung des Aschegehaltes auf der Grundlage der 2 Energie-Transmissions-Methode mit Signalverknüpfung durch Mikrorechner wurde am Hauptband eines Kraftwerkes erprobt; bei Schwankungen der Beladehöhe des Transportbandes zwischen 5 und 40 cm betrug s_0 etwa 5% A^d.

Keywords

ashes; attenuation; coal; gamma radiation; lignite; on-line measurement systems; radiation absorption analysis; transmission

1. Introduction

Brown coal (lignite) is the basic fuel for power stations, gasification, coking and heating in G.D.R. The geological conditions in the open-cast coal mines can change within the horizons of the mines [1]. Lignite has a relatively high and constant moisture content of about 55% (see Tab. 1). The main components of the coal ashes are SiO_2, Fe_2O_3, Al_2O_3, CaO, MgO, SO_3, Na_2O. The ash content varies between 4 and 65 wt %. Usually the very high ash content is due to technological conditions, which lead to coal-sand mixtures on a conveyor belt. The SiO_2 component in the ash matrix is increased. The matrix components can differ between various mines so much as shown in Tab. 1 for 2 mines as example.

Therefore coal quality expressed in terms of the ash content C_a can change over a wide range. Obviously the efficiency of energetics can be influenced very much if the real ash content of a coal flux is known at the time of its handling. Per example it is important to avoid that high ash coals are addressed to vessels, gasification and briquette plants. Furthermore the burning process in the vessels of power stations could be controlled knowing the ash content of incoming coal at the moment of entering the entrance bunkers. Therefore radiometric techniques occupy an important place in energy saving projects especially for the on-line determination of the ash content at various points in the technological scheme of coal processing. The idea is to determine the ash content of coal on the main conveyor belts by means of radiometric 2-channel techniques using transmitted and scattered photons [2–5, 7]. Though a relatively high error might be expected there is the advantage of a high analytical reliability.

Tab. 1. Analytic data in wt % (in coal for H_2O, C_a, and in ash respectively) of 2 characteristic lignite mines (ranges, mean values ±s.d.)

	Mine 1		Mine 2		μ_{60}
	range	mean	range	mean	cm^2g^{-1}
H_2O	54 – 57	55,5 ± 0,7	49 – 53	51,1 ± 1,9	0,203
C_a	4,3 – 64,4	28,9 ± 17,7	4 – 18	8,0 ± 2,5	
SiO_2	16 – 59	46,0 ± 9,6	3 – 31	16,0 ± 11,7	0,245
FeO_3	4 – 21	8,2 ± 4,5	8,6 – 28	20,2 ± 5,5	0,881
Al_2O_3	19,4 – 35,7	30,7 ± 4,4	2 – 11	5,5 ± 2,2	0,225
CaO	2 – 20	5,7 ± 4,4	13 – 54	31,6 ± 8,0	0,508
MgO	1 – 6	2,4 ± 1,5	2 – 11	5,7 ± 2,3	0,225
SO_3	0 – 14	2,9 ± 1,8	9 – 31	18,6 ± 4,3	0,270
Na_2O	1 – 5	3,6 ± 2,0	–	–	0,164

2. Method

The transmitted and scattered forward 60 keV- and transmitted 660 keV-photons has been measured after passing the coal layer of the thickness x. 10 GBq (300 mCi) ^{241}Am and 0,1 GBq (3 mCi) ^{137}Cs are used as radiation sources. The scheme of the experimental arrangement is given in Fig. 1.

The interaction of photons in coal is described by the mass attenuation coefficient (m.a.c.) μ. In accordance with *Clayton* [6] coal can be treated as a 2-component mixture:

$$\mu_c = \mu_{om} + C_a(\bar{\mu}_a - \mu_{om}) \tag{1}$$

where subscripts c, om and a refer respectively to coal, coal matter (carbon e.t.c., water) and ash.

$\bar{\mu}_a$ is the effective m.a.c. for the ash:

$$\bar{\mu}_a = \sum_i f_i \cdot \mu_i \tag{2}$$

[1]) Address: DDR-7050 Leipzig, Permoserstr. 15

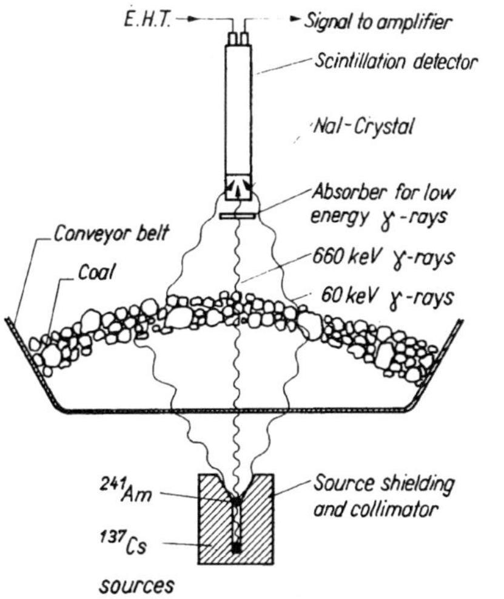

Fig. 1. Schematic of ash gauge showing 60 keV-scattered forward photons and 660 keV-narrow beam transmission of gamma-rays through coal on a conveyor belt

f_i is the concentration of a given compound i in the ash. Some μ_i are listed in Tab. 1.

So far (1) reflects the correlation between μ_c and the asked ash content C_a.

In case of measuring the transmitted 60 keV-photon count rate from I the well known exponential law we get μ_c:

$$I = I_0 \exp(-\mu_c \varrho x) \quad (3)$$

The scattered forward 60 keV-photon count rate I_{SF} can approximately be described by

$$I_{SF} = I_0 \cdot g \cdot \mu_c^s \cdot x \cdot \exp(-r \cdot \mu_c \cdot \varrho x) \quad (4)$$

where g, r are constants depending on the geometrical conditions, μ_c^s is the scattering part of μ_c. The application of (3) and (4) is possible only if ϱx is known or can be kept constant.

a) *Experiments at by-pass conveyer belt*

By means of a leveller the thickness of the coal layer on a bypass belt was kept constant at 20 ± 1 cm. At this special conveyor belt 3 radiometric principles were checked simultaneously for the same coal sorts:

(i) — 60 keV scattered forward photons, I_{VS}^{60}
(ii) — 60 keV transmitted photons, I^{60}
(iii) — 660 keV transmitted photons, I^{660}

b) *Experiments at main conveyer belt*

In this case the actually emerging changes in x of the coal layer very often jumping from "full" to "empty" have to be taken into account in (3) or (4). Fig. 2 gives the scheme of the used 2-energy-narrow beam transmission method. The ash content C_a is evaluated by means of a microcomputer every 100 ms from the count rates I^{60} and I^{660} measured using a modified formula (1):

$$C_a = \frac{a}{\mu_a^{60} - \mu_{om}^{60}} \left\{ \mu^{660} \frac{\ln I_0^{60}/I^{60}}{\ln I_0^{660}/I^{660}} - \mu_{om}^{60} \right\} + b \quad (5)$$

a, b are calibration constants.

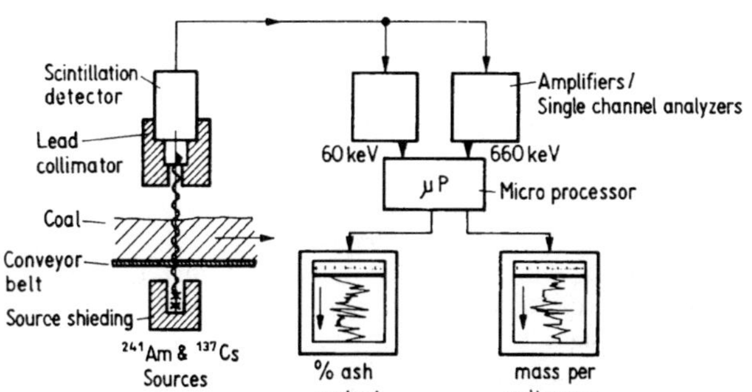

Fig. 2. Schematic of 2-energy narrow beam transmission

3. Results and Discussion

a) *By-pass conveyor belt*

Fig. 3 shows the signals I_{SF}^{60}, I^{60}, I^{660} (in arbitrary units) vs ash content C_A. Curve 2 is due to transmitted 60 keV photons, curve 3 due to 60 keV scattered forward photons and curve 4 gives 660 keV-transmitted photons. Curve 1 is the scattered forward signal (curve 3) corrected by means of (4). Comparing curve 2 and 3 it becomes clear that the sensitivity of scattered forward method is somewhat higher than of the transmission method due to the increased path in the scattered forward geometry and the slightly increased m.a.c. after the compton scattering of the photons.

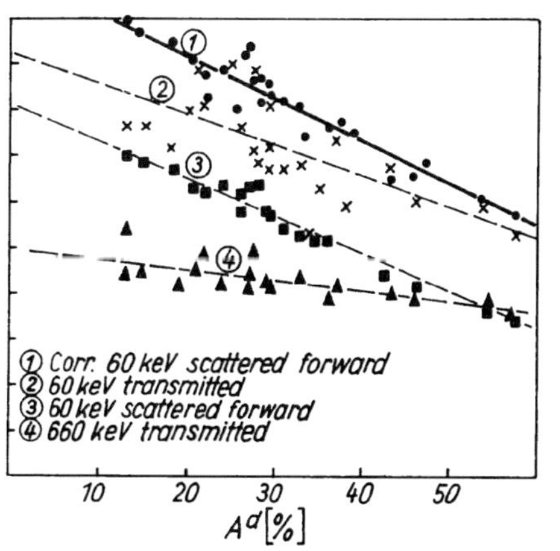

Fig. 3. Radiometric signals of transmitted and scattered forward 60 keV and transmitted 660 keV photons vs ash content

The mean standard deviation (s.d.) of the scattered forward signals (for the given set of samples) is about 4 wt % ash and after eliminating the small changes in ϱx by combining with the 660 keV transmission signals (curve 4) a s.d. of about 2·5 wt % ash were achieved (see curve 1). The main contributions to the s.d. arse non-correlations between μ_c and C_A caused by variations in the ash composition and really exististing

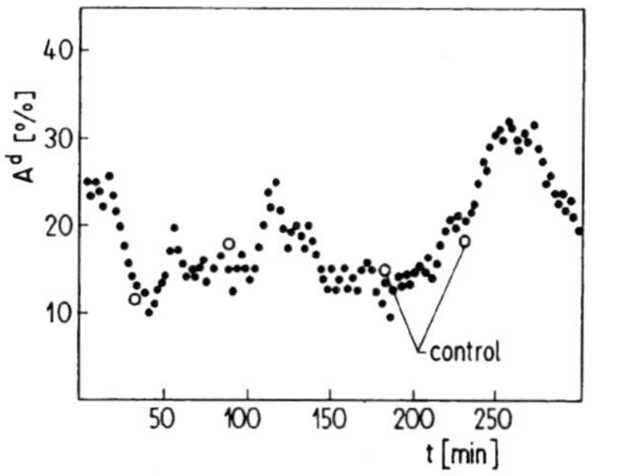

Fig. 4. Radiometric on-line ash signal measured at a main conveyor belt using the 2-energy (60 keV, 660 keV) narrow beam transmission gauge

ash differences in the coal measured radiometrically and sampled for chemical assay (see [3]).

b) *Main conveyor belt*

Fig. 4 shows the ash contents vs time determined by means of the 2-energy transmission method (KRAS-2) under technological conditions as given in Tab. 2. The C_A-signal has been proved to be really independent of ϱx changes; its s.d. is about 5 wt % ash.

Tab. 2. Characteristics of the processed brown coal on the main conveyor belt at the entrance of a power station

	raw lignite power station input
conveyor belt	
speed, m/s	5
tickness, kg/m²	20
width, m	2·0
mass per unit area of coal on belt, kg/m²	
mean	150
s.d.	50*)
range	40 ... 280
nominal feed	
t/h	3000
grain size, mm	80

*) often 'jumping' between full and empty belt

4. Conclusions

1. The 2-energy transmission ash determination method known for black coal [8] has been proved to be applicable also to raw brown coal. From tests of a prototype gauge (KRAS-2) at the main conveyor belt of a power station during real production conditions it seems to be realistic to achieve a standard deviation below 3 wt % ash (dependent on coal specific variations of the ash composition) solving some calibration problems. The results yielded with KRAS-2 are in good agreement with the data for black coal published by *Fookes* et al. [8].

2. The installation of a radiometric ash determination gauge should be prepared by a carefully check of the analytical situation in the mine but also of the technological regime of it. *Braune* [9] evaluated a computer code of simulation which has been applied with good success.

3. The results described for the special bypass conveyor have shown that

- 60 keV-photons can used as ash indicator because the photoabsorption part in m.a.c. is still 70% of the total;
- scattered forward 60 keV-photons gives satisfactory results in C_a-determination if the coal thickness is kept constant by means of a leveller;
- the correction of small changes in ϱx by means of 660 keV-transmitted photons reduce the standard deviation for scattered forward photons down to 2·5%.

Received November 26, 1984
Accepted in revised form February 5, 1985

References

[1] *J. W. Leonhardt* et al., J. Radioanal. Chem. **71** (1958) 181
[2] *H.-W. Thümmel, G. Körner, D. Fritsche*, ZfI-Mitt. **71** (1983) 144
[3] *H.-W. Thümmel*, ZfI-Mitt. **70** (1983) 99
[4] *G. Körner, H.-W. Thümmel* et al., Proc. 3. Tagung Nukleare Analysenverfahren, Dresden, 11. Apr. 1983, 361–362
[5] *M. Frenzel*, Proc. 3. Tagung Nukleare Analysenverfahren Dresden, 11. Apr. 1983, 46–48; Isotopenpraxis **20** (1984) 386
[6] *C. G. Clayton*, Int. Conf. on Ind. Appl. of Radioisotopes and Radiation Technology, Grenoble 1981, IAEA-CN-40/119
[7] *J. W. Leonhardt* et al., Proc. 4th Conf. on New Nuclear Physical Methods on Solving Problems in Science, Technology and Oeconomy Dubna (SU) 1982, 205–217
[8] *R. A. Fookes, V. L. Gravitis, J. S. Watt* et al., Int. J. Appl. Radiat. Isot. **34** (1983) 37, 63
[9] *M. Braune*, ZfI-Mitt. **71** (1983) 154

Isotopenpraxis **21** (1985) 10, S. 354 bis 356

Bestimmung der Lage einer Grenzschicht

V. Kliem, J. Schwarzlose

(VEB Mansfeld-Kombinat „Wilhelm Pieck", Forschungsinstitut für NE-Metalle)[1])

Es werden Aufbau und Funktion einer radiometrischen Anlage zur Bestimmung der Phasengrenze zwischen zwei nicht mischbaren Flüssigkeiten beschrieben. Die Anlage arbeitet nach dem Prinzip einfacher Strahlenschranken, gewährleistet jedoch durch die Verknüpfung von Grenzwertschaltersignalen ein Maximum an Informationen.

Design and performance of a radiometric device for the determination of the phase boundary between two nonmiscible liquids are described. The device is based on the principle of simple radioactive relays, but provides maximum information by the connection of limit switch signals.

Keywords

absorption; cesium 137; industry; level indicators; radiometric gages

1. Einführung

Bei zahlreichen chemischen Prozessen, wie z.B. bei der Extraktion oder der Reextraktion, ist die Lage der Grenzschicht zwischen zwei nicht mischbaren Flüssigkeiten von Bedeutung. Es ist erforderlich, die Lage dieser Phasengrenze kontinuierlich zu überwachen, um Verunreinigungen der Phasen auszuschließen.

Zu den bekannten Meßverfahren zählen mechanische, optische, elektrische, magnetische und radiometrische Verfahren, die bei entsprechenden Differenzen in den physi-

[1]) Anschrift: 9200 Freiberg, Lessingstraße 41

Mitteilungen / Information

IAEA: NUKLEARE SICHERHEIT IM JAHRE 1984

Wie in vergangenen Jahren kam es auch 1984 zu keinen Unfaellen, die sich auf die oeffentliche Gesundheit und Sicherheit ausgewirkt haben. Es ist jedoch in den 345 Leistungsreaktoren, die Ende letzten Jahres weltweit in Betrieb waren, zu einigen Stoerfaellen, die durch Betriebsfehler und Geraeteausfall verschuldet wurden, gekommen. Dreissig neue Einheiten wurden an die staatlichen Netzsysteme im Laufe des Jahres angeschlossen und weitere 180 befanden sich in 28 Laendern im Bau - 23 weniger als in dem Rekordjahr 1980. Die zusammengerechneten Jahre an Betriebserfahrung ueberschritten Anfang 1985 3500 Reaktorjahre und auf die Kernenergiegewinnung entfielen ungefaehr 13% der Weltenergieerzeugung. In ihrem vierten jaehrliche Bericht ueber nukleare Sicherheit stellt die IAEA fest, dass die steigende Zahl der in Betrieb stehenden und die abnehmende Zahl der sich im Bau befindlichen Kernanlagen die treibende Kraft, die die Schwerpunktverlagerung auf dem Gebiet der nuklearen Sicherheit von Planungs- zu Betriebsaspekten vorantreibt, darstellt. Die IAEA stellt weiterhin fest, dass aus juengsten Studien, denen zwar Unsicherheitsfaktoren und unvollstaendige Daten zugrunde liegen, hervorgeht, dass die geringe negative Auswirkung der Kernenergie auf die oeffentliche Gesundheit nur von der aus Erdgas oder aus Sonnensystemen gewonnenen Energie erreicht wird. Das geringe Risiko, das bei Gebrauch von Erdgas auftritt, geht hauptsaechlich auf Transportunfaelle zurueck; das Risiko, das durch den Gebrauch von Sonnenenergie hervorgerufen wird, geht auf die Erzeugung und den Transport der grossen Mengen an Material, die in den Sonnenenergiesammelsystemen erforderlich sind, zurueck. Kohle, und in geringerem Ausmass Oel, stellen aufgrund der Toxizitaet ihrer Verbrennungsprodukte und der grossen Transportanforderungen, immer noch das hoechste Gesamtrisiko fuer die Bevoelkerung dar. 1984 hat die IAEA eine internationale Beratungsgruppe fuer Nukleare Sicherheit ins Leben gerufen, die den Generaldirektor ueber wichtige, aktuelle Sicherheitsfragen beraet. Die Gruppe besteht aus 13 Mitgliedern, die aus Aufsichtsbehoerden, Forschungsorganisationen und der Kernindustrie in Industrie- und Entwicklungslaendern ausgewaehlt wurden. Die IAEA hat auch ein Programm des Beraterteams fuer Strahlenschutz ins Leben gerufen, aufgrund der Tatsache, dass sich weiterhin Strahlungsunfaelle ereignen. In dem Bericht ueber nukleare Sicherheit wird mitgeteilt, dass zustaendige Fachleute den darum ansuchenden Laendern bei der Beurteilung ihrer Beduerfnisse auf dem Gebiet des Strahlenschutzes und bei der Entwicklung technischer Hilfsstrategien behilflich sein werden. Die IAEA und die OECD/NEA betreuen jaehrliche gemeinschaftliche Tagungen, bei denen schon ueber mehr als 9o Stoerfaelle Bericht erstattet wurde. Die IAEA erwartet, dass das IAEA Meldesystem fuer Betriebsstoerungen pro Jahr etwa 150 Berichte ueber Stoerfaelle erhalten wird, deren Herkunft und Folgen ueberprueft werden, um Reaktorfahrern auf der ganzen Welt dabei zu helfen, sich die bereits gewonnenen Erfahrungen zu Nutze zu machen. Der 106 Seiten starke Bericht ueber nukleare Sicherheit kann von der IAEA (Division of Public Information IAEA, Wagramerstr. 5, Postfach 100, A-1400 Wien) im Laufe des Jahres angefordert werden. (IAEA-Pressekommunique (1985) 8)

IAEA: AUSUEBUNG DER SICHERUNGSKONTROLLE IM JAHRE 1984

Das Sekretariat der IAEA hat im Laufe des Jahres 1984 keine Unstimmigkeiten entdeckt, "die unter bestimmten Abkommen auf die Abzweigung einer signifikanten Menge von spaltbarem Material unter IAEA Sicherungskontrolle oder auf den Missbrauch von Anlagen oder Geraeten unter Sicherungskontrolle zur Herstellung einer Atomwaffe oder zu irgendeinem anderen militaerischen Zweck oder zur Herstellung eines anderen nuklearen Sprengkoerpers oder zu unbekannten Zwecken hingedeutet haetten."
Diese wesentliche Schlussfolgerung wird im jaehrlichen Bericht des IAEA Sekretariats ueber die Ausuebung der Sicherungskontrolle (Safeguards Implementation Report) fuer den Gouverneursrat gezogen, der den Bericht im Juni 1985 auf einer Sitzung behandelt hat. Das Ziel der IAEA Sicherungskontrolle ist es, zu ueberpruefen, dass nukleare Programme und Nuklearanlagen unter Sicherungskontrolle nicht fuer militaerische Zwecke missbraucht werden. Die IAEA berichtet, dass waehrend des Jahres 1984 mehr als 1.820 Inspektionen (1.826 in 1983) in ca. 474 Nuklearanlagen (520) in 49 Nichtkernwaffenstaaten (50) und in drei Kernwaffenstaaten (drei) durchgefuehrt wurden. Mehr als 240 (230) automatische Photo- und Fernseh-Ueberwachungssysteme waren in Nuklearanlagen eingesetzt; 8.300 (6.170) Siegel wurden zum Einschluss von nuklearem Material angebracht und anschliessend im Hauptquartier der IAEA in Wien auf ihre Unversehrtheit ueberprueft. Mehr als 1.080 (1.150) Pu- und U-Proben wurden analysiert. Dabei wurden 2.770 (2.980) Analyse-Resultate zusammengetragen. Im IAEA Computer wurden 760.000 (800.000) Sicherheitskontroll- und Mess-Daten verarbeitet und gespeichert. Der Bericht weist darauf hin, dass die Genauigkeit der Inspektionen und der Bewertungstaetigkeit durch die Tatsache illustriert wird, dass rund 400 (420) groesstenteils kleinere Diskrepanzen und Unstimmigkeiten entdeckt wurden. Mit Ausnahme eines einzigen Falles konnte nach einer folgenden Ueberpruefung und Nachforschung eine ausreichende Erklaerung dafuer gegeben werden. In dem Bericht ueber die Ausuebung der Sicherungskontrolle fuer das Jahr 1983 gab es bei einem Fall Unstimmigkeiten, die 1984 nach Ueberpruefung zufriedenstellend geklaert werden konnten. Am Ende des Jahres 1984 waren insgesamt 163 Sicherungskontroll-Abkommen in 95 Staaten in Kraft, im Vergleich zu 159 Abkommen in 92 Staaten Ende des Jahres 1983. Sicherungskontrollen wurden tatsaechlich in 40 Nichtkernwaffenstaaten durchgefuehrt auf der Basis von Abkommen, die im Rahmen des Atomwaffensperrvertrages (NPT) abgeschlossen worden sind oder auf der Basis des NPT und Tlatelolco Vertrages oder in einem Falle eines Nichtkernwaffenstaates auf der Basis des Tlatelolco Vertrages allein. Waehrend des Jahres 1984 wurden Sicherungskontrollen in drei Kernwaffenstaaten durchgefuehrt, entweder auf der Basis eines freiwilligen Abkommens oder in der Folge eines Sicherungsabkommens ueber Transfer. Im Jahre 1984 wurden Verhandlungen fuer ein freiwilliges Sicherungskontroll-Abkommen zwischen der IAEA und einem vierten Kernwaffenstaat abgeschlossen. Mit dem Abkommen erklaert sich der Staat bereit, einen Teil seiner friedlichen Zwecken dienenden Kernanlagen der Sicherheitskontrolle des IAEA zu unterstellen. Am Ende des Jahres 1984 belief sich spaltbares Material unter IAEA Sicherungskontrolle auf 7,7 Tonnen (7,7 Tonnen in 1983) abgetrenntes Pu; 11,8 t (11,0 t) hoch angereichertes U; 129,5 t (95,8 t) Pu, das in bestrahlten Brennstoffen enthalten ist; 22.784 t (19.690 t) schwach angereichertes U und 31.724 t (28.075 t) Rohmaterial. In diesen Mengen ist das Material unter Sicherungskontrolle in Kernwaffenstaaten eingeschlossen. Als nicht-nukleares Material befinden sich 1.362 (1.307 t) Schweres Wasser unter Sicherungskontrolle der IAEA. (IAEA-Pressekommunique (1985)9)

Kurznachrichten / Newlets

Animals experiments:

GUIDELINES ON THE USE OF LIVING ANIMALS IN SCIENTIFIC INVESTIGATIONS

The British Biological Council's Animal Research and Welfare Panel has recently produced guidelines with a view to promoting measures which will assure that as little distress as possible is caused to animals used in biological investiga-

tions. Some of the statements are as follows: The species chosen should have the appropriate biological and behavioural characteristics for the purpose;
The use of the animal should not threaten its status in the wild nor should there be contravention or conservation legislation;
Proper scientific design of the experiment should ensure that the objective is achieved with as few animals and least interference as possible;
The humaneness of the procedure should be an overriding consideration.
The report gives recommendations on accommodation and enviroment, on food and water, on stress, pain and distress, on the health status, on research procedures and on movement and transport. The council gives the recommendation to have an Animal Research Review Committee in the place of work with special functions, which are proposed in the report. (Editorial of The British J. Radiology 58 (1985)1)

Lebensmittelbestrahlung:
HANDEL MIT BESTRAHLTEN LEBENSMITTELN IN ASIEN UND DEM PAZIFISCHEN RAUM

Acht asiatische Laender, die an einem regionalen Projekt fuer Lebensmittelbestrahlung aktiv beteiligt sind, haben wichtige Schritte unternommen, die darauf abzielen, Wege fuer die Vermarktung und fuer den Handel mit bestrahlten Nahrungsmitteln in diesem Gebiet zu oeffnen. Es handelt sich dabei um Australien, Bangladesch, Indonesien, die Republik Korea, Malaysia, Pakistan, die Philippinen und Thailand. Bei einer Tagung, die vom 13.-15.5.1985 in Lucas Heights, Australien, stattfand, kamen die Vertreter ueberein, sich an der versuchsweisen Auslieferung bestrahlter Lebensmittel aus diesen und anderen Laendern, die dem regionalen Projekt fuer Lebensmittelbestrahlung angeschlossen sind, zu beteiligen und sie auszuwerten. Das regionale Projekt fuer Lebensmittelbestrahlung wird gemeinsam von der IAEA und der FAO durchgefuehrt. Zusaetzlich zu den oben angefuehrten Laendern gehoeren auch Indien und Vietnam dem Projekt an. Darueberhinaus beschlossen sie, die Annahme der Codex-Norm und der allgemeinen Richtlinien fuer Nahrungsmittelbestrahlung zu foerdern, indem sie die fuer das Projekt zustaendigen Behoerden aufforderten, die Richtlinien zum fruehest moeglichen Zeitpunkt anzunehmen. Die Annahme der Richtlinien wuerde die Gesetzgebung in bezug auf bestrahlte Nahrungsmittel in Einklang bringen und den internationalen Handel mit bestrahlten Nahrungsmitteln in diesem Gebiet erleichtern. In den Richtlinien wird der Sicherheitsgrad bestrahlter Nahrungsmittel auf eine bestimmte Dosis festgelegt. Diese Richtlinie wurde 1983 von der Codex Alimentarius Kommission der FAO und der WHO angenommen. Die zustaendigen Behoerden in diesem Gebiet werden aufgefordert, den internationalen Handel mit behandelten Nahrungsmitteln zu foerdern, wenn immer es die Bestimmungen erlauben. Die zweite Phase des Projekts, die von der australischen Regierung subventioniert wird, hat den Technologietransfer der Nahrungsmittelbestrahlung an einheimische Industrien in diesem Gebiet zum Ziel. Das Projekt hat auch Forschungs- und Versuchsstudien ueber ausgewaehlte Produkte, die von besonderem Interesse fuer dieses Gebiet sind, vor allem Fischprodukte, Tropenfruechte, Zwiebeln und Gewuerze, koordiniert. Kommerzielle und/oder Vorfuehrgeraete fuer Bestrahlung zur Nahrungsmittelverarbeitung werden zur Zeit von verschiedenen an dem Regionalprojekt beteiligten Laendern gebaut oder geplant. Zu diesen Laendern gehoeren Australien, Bangladesch, die Republik Korea, Malaysia, Pakistan, die Philippinen, Thailand und Vietnam. Die potentiellen Vorteile der Nahrungsmittelbestrahlung fuer dieses Gebiet sind die Verminderung der Einbussen waehrend der Lagerung, die Verbesserung des allgemeinen Gesundheitsniveaus und die Staerkung der Wirtschaft dank eines ausgedehnten weltweiten Handelns. (IAEA-Pressekommunique (1985) 7)

Kernenergie:
ENDLAGERUNG VON RADIOAKTIVEN MATERIAL DURCH SYNROC

Im Jahre 1953 hat L.P. Hatch den Begriff der Endlagerung (ultimate disposal) fuer abgebranntes Kernmaterial eingefuehrt und bereits damals auf die Gefahren und damit sichere Verwahrung dieses Materials hingewiesen. Die heute vielseitig diskutierten Endlagerungskonzepte zielen auf ein Mehrbarrierensystem ab, das aus einer Immobilisierungsbarriere und einer geologischen Barriere (Salzstock, Tiefsee-Tonformationen, ausgediente Bergwerke, Tiefbohrloecher u.a.) besteht. Nach dem Synroc-Konzept (synthetic rock) fuer die Immobilisierungsbarriere wird Na-titanat/Na-zirconat mit dem radioaktiven Abfall zusammengebracht und nach Kationenaustausch reduzierend calciniert. Das so erhaltene Kristalline Material zeichnet sich u.a. durch seine hydrothermale Stabilitaet aus. Nach neuen elektronenmikroskopischen Untersuchungen besteht die Fixierung der Radionuklide in dem keramischen Feststoff nicht ausschliesslich im Austausch von Elementen auf geeigneten kristallographischen Lagen einer Wirtsmatrix. Statt einfach in die Keramik als feste Loesung einzudringen, bewirken die hochradioaktiven Elemente meist Strukturaenderungen wie Ordnung von Kationen, Bildung von kristallographischen Scherstrukturen und Verzwillingung im Bereich der Elementarzelle. Solche Mechanismen verbessern betraechtlich die Eigenschaft der Keramik, (simulierten) radioaktiven Abfall zu immobilisieren, und verringern ihre Empfindlichkeit gegenueber unvermeidlichen Schwankungen in der Zusammensetzung des Abfalls. In einem Uebersichtsartikel darueber beschreiben T.J. White, R.L. Segall und P.S. Turner [Immobilisierung von radioaktivem Abfall im Festkoerper durch strukturelle Modifizierung der Matrix-Kristallchemie von Synroc, einer Titanat-Keramik, [Angew. Chemi 97 (1985), S. 369-376, 44 Lit.] die Kristallchemie von Synroc.

Historisches /

Historical background

Wissenschaftsgeschichte:
LOMONOSSOWS LABORATORIUM ENTSTEHT NEU

An Hand alter Dokumente, Karten, versch. Unterlagen aus der Akademiekanzlei und anderer Materialien ist es sowjetischen Forschern gelungen, den Standort des chemischen Laboratoriums, dass der grosse russische Wissenschaftler Lomonossow begruendet hatte, zu ermitteln und sein Schicksal zurueckzuverfolgen. M.W. Lomonossow hatte der Akademie der Wissenschaften wiederholt vorgeschlagen, ein chemisches Laboratorium einzurichten, in dem er "zum Nutzen des Vaterlandes chemische Experimente anstellen" koenne. Seine Anregung fand jedoch lange Zeit kein Echo. Nachdem der Wissenschaftler Professor der Chemie geworden war, setzte er sich erneut fuer die Einrichtung eines solchen Laboratoriums ein und erwirkte nach Ueberwindung vieler Schwierigkeiten einen diesbezueglichen Beschluss des Senats. Im Juli 1748 wurde mit dem Bau des Laboratoriums begonnen, und im Oktober desselben Jahres war er abgeschlossen. Es befand sich in unmittelbarer Naehe des Hauses, in dem Lomonossow wohnte, wenn er in Petersburg weilte. Der Wissenschaftler leitete selbst die Ausstattung des Laboratoriums mit verschiedenen wissenschaftlichen Geraeten, von denen ein Teil speziell nach seinen Zeichnungen und Skizzen angefertigt wurde. Es handelt sich um das erste Forschungslaboratorium in Russland und gehoerte zu den besten in Europa. Das Praesidium der Akademie der Wissenschaften der UdSSR hat beschlossen, das beruehmte Chemielaboratorium von Lomonossow an seinem frueheren Platz wiederaufzubauen. Der Entwurf fuer den Wiederaufbau des Laboratoriums, das ein wertvolles historisches Denkmal der Wissenschaft wird, liegt bereits vor. Der erste Bauabschnitt soll bis 1986, zum 275. Geburtstag des grossen Gelehrten, fertiggestellt sein. [A. Wiktorow, Iswestija, 26.5.1985] (Presse der Sowjetunion (1985) 7)

Veröffentlichungen / Publications

N E U E R S C H E I N U N G E N

Gesamtkatalog DDR, Periodica 1986, 80 S., Buchexport DDR-7010 Leipzig, PF 160

Katalog des Produktionsangebotes der Vereinigten Betriebe fuer Kerneinrichtungen (Zjednoczone Zaklady Urzadzen Jadrowych - ZZUJ)"Polen". - Pl 00-901 Warszawa, Palac Kultury:Nauki XI p. A special catalogue about Dosimetric Apparatus

UNITED KINGDOM ATOMIC ENERGY AUTHORITY

AERE-R 10228
An assessment of the use of ultrafiltration to recover Pu from pure alpha effluents - October 1984, 36 pp., J.A. Jenkins, R.G. Gutman

AERE-R 10944
Assessment and development of dewatering equipment suitable for intermediate level wastes - October 1984, 72 pp., R.H. Knibbs et al.

AERE-R 11408
A survey of possible microbiological effects within shallow land disposal sites designed to accept intermediate-level radioactive wastes - January 1985, 53 pp., P.E. Rushbrook

AERE-R 11411
An assessment of filter aids and filter cloths in the dewatering of intermediate level wastes - December 1984, 26 pp., R.H. Knibbs

AERE-R 11448
The distribution over short distances of particulates released from a single source - November 1984, 37 pp., J.D. Cook, D.J. McGahan

AERE-R 11515
CADE-A computor programme for the calculation of nuclear cross-sections from Weisskopf Ewing theory - December 1984, 22 pp., D. Wilmore

AERE-M 3455
The design and construction of a flow channel and rig for corrosion studies - January 1985, 22 pp., J. Stewart

AERE-R 10843
Single event upset test programs - November 1984, 11 pp., L.C. Russen

AERE-R 11479
Washing of Pu contaminated combustible material. Preliminary active experiments using the AERE 5 kg batch wash rig - January 1985, 24 pp., P.J. Ashby, J.D. Wilkins

AERE-R 11583
Capture cross-sections of structural materials measured with the Harwell large liquid scintillator - January 1985, 15 pp., D.B. Gayther et al.

AERE-M 3408
Diffusion of radionuclides from a deep intermediate level nuclear waste repository: a model in a prolate spheroidal coordinate system - January 1985, 23 pp., S.M. Sharland

AERE-R 10936
Introducing PLOTIT: a versatile interactive computer graphics program - January 1985, 45 pp., M.D. Mattews

AERE-R 11439
Neutron scattering and reactions on 59 Co from 1 to 20 MeV - January 1985, 34 pp., P.E. Hodgson

SRD R 316
Trapping & solution of fission Xe in UO_2: single gas atoms and solution from underpressurised bubbles - January 1985, 18 pp., R.A. Jackson, C.R.A. Catlow

SRD R 317
Trapping & solution of fission Xe in UO_2: solution from small overpressurised bubbles - January 1985, 10 pp., R.A. Jackson, C.R.A. Catlow

SRD R 327
A Model of aerosol deposition in the lung for use in inhalation dose assessments - December 1984, 27 pp., M.J. Egan, W. Nixon

Ausgewählte Beiträge / Recently published papers

ATOMNAJA ENERGIJA 59(1985)2(in Russian)

A Generalized Subgroup Approach to the Calculation of Resonance absorption - V.V. Tebin, M.S. Yudkevich

The Effect of Statistical Correction on the Result of Solving the Radiation Transport Equation - Yu.I. Balashov et al.

Development of the Method of Surface Pseudosources for Calculating Neutron Distribution in a Cylindrical Reactor Cell - V.F. Boyarinov

The Determination of Escape Cross-Section Below Threshold of U-238 Fission from Spherical Transmission Experiments - V.A. Dulin et al.

The Effect of the Stage of Loosening a Cation Filter on Its Effectiveness in the Process of Condensate Purification at an APS - M.A. Argin et al.

Application of a Mathematical Model to Describe the Process of Condensate Purification for Choosing Optimal Proportions of Ion Exchangers at an APS - M.A. Argin et al.

Testing a U_3O_8 Tubular Proportioner - V.A. Zuyev et al.

The Influence of Intense Gamma Radiation on the Distribution of Radioactive Sr-90 in Loamy Soil - I.A. Sobolev et al.

The Effect of Various Factors on the Dosimetric Characteristics of Quartz Glass - I.K. Abdukadyrova

Radiation Resistance of Corundum Ceramics for Pulsed Fast-Neutron Irradiation - O.B. Alekseyevski et al.

On the Specific Radioactivity of Potassium in Sea Water - Yu.A. Sapozhnikov, A.A. Merkushov

Comparison of Detectors by their Low Limit of Quantitative Determination of Gamma Emitting Nuclide Activity - B.Ya. Shcherbakov, V.I. Myshlyavkin

ANGEW. CHEMIE 97(1985)1

Doppelte Stereodifferenzierung und eine neue Strategie zur Stereokontrolle in der organischen Synthese - S. Masamune et al.

Destabilisierte 2-Norboruyl-Kationen (H / D) - W. Kirmse et al.

Quantitative HPLC-Analyse und Thermodynamik der Schwefelschmelze $n/8\ S_8 = S_n(n=8)$ - R. Steudel et al.

CANADIAN J. CHEMISTRY 63(1985)1

Secondary α-D-Kinetic isotope effects for the E2 reaction of the 2-phenylethylkalides with tert.-butoxide ion in tert.-butylakohol - P.J. Smith et al.

CANADIAN J. CHEMISTRY 63(1985)2

H/D-exchange of cyclic and acyclic alkenes in dilute acid medium at elevated temperatures - N.H. Werstiuk, G. Timmius

Etude de l'anharmonicité électrique dans $^{12}C^{16}O_2$ – Ph. Millié

CANADIAN J. CHEMISTRY 63(1985)3

Some isotopic scrambling studies with singly on doubly labeled triphenylvinylbromide – Choi Chuk Lee, Ch. Y. Fiakpui

CANADIAN J. CHEMISTRY 63(1985)5

Competitive photochlorination and kinetic isotope effects for H/D abstraction from the methyl groop in C_2H_6, C_2D_6, CH_3CHCl_2, CD_3CHCl_2, $CH_3C\ Cl_3$ and CD_3CCl_3 – E. Tschuikow- Roux et. al.

J. RADIOANAL. NUCL. CHEM. ART. 89(1985)2

A method for the determination of Tc in environmental waters – P. Robb et al.

Determination of iodine in organic iodine compounds by non-equilibrium isotope exchange in a heterogeneous exchange system – Y. Takahashi et al.

Redox determination of uranium in presence of plutonium in low phosphoric acid medium and the recovery of plutonium-Some new observations – G.R. Relan et al.

Separation of Sr from nuclear waste solutions by solvent extraction with crown ethers – E. Blasius et al.

Syntheses, radiochromatography and biodistribution of Tc-99m-dimethylphosphinoethane (DMPE) complexes – P. Angelberger

Neutron activation analysis of neonate and maternal hair sampled in areas with different levels of pollution – J. Obrusnik et al.

A comparative evalution of time-of-event counting for low-level radioactivity measurements – J.H. Raye et al.

Additional results for the "G-1" IAEA comparison of methods for processing Ge(Li) gamma-ray spectra – P. Zagyoai

Analysis by nuclear reactions and activation (A current bibliography) – E. Bujdoso

J. RADIOANAL. NUCL. CHEM. ART. (90(1985)1

Comparative study of different gels for quality control of ^{99m}Tc-radiopharmaceutical kits – N.H. Agha et al.

Isolation of transplutonium elements on ion exchangers from solutions of high salt concentration – L.J. Guseva et al.

Liquid-liquid extraction with metal diethyldithiocarbamates as reagens – A.T. Raue et al.

Precision and accuracy of radiotracer measurements of marine sand flow rates – H.A. Das

Determination of Sr in biological materials by mean of photon activation – M. Yagi et al.

14 MeV – neutron activation analysis of Gaulish silver alloyed coins – A.G. Alayi et al.

Precision in 14 MeV neutron activation analysis – A.G. Alayi

Graphical analysis of Rutherford backscattering spectra – C.V. Barros Leite et al.

Epithermal neutron activation analysis – Z.B. Alfassi

Methods and equipment of industrial activation analysis – I.N. Ivanoc et al.

Neutron activation analysis of mercury contents in head hair of dentists in Japan – K. Nogucki et al.

J. RADIOANAL. NUCL. CHEM. LETT. 94(1985)4

Radiation chemistry of high energy carbon, neon and argon ions Effects of nuclear fragmentation – A. Appleby et al.

A radiometric method for the determination of non-ionic surfactants – J. Krtil et al.

Modification of propylene fibres by preirradiation technique – A. Manová et al.

Metabolism of acetochlor herbicide in tolerant and sensitive plant species – J. Jablonkai

CLINICAL SCIENCE 68(1985)1

Enhancement of the urinary excretion of non-sulphated and sulphated radioactive bile acids by sodium acetate in the bile duct obstructed rat (using [C-14] glycocholate, [C-14] taurocholate and [H-3]-glycochenodeoxycholate-3-sulphate) – A. Chitranukroh et al.

CLINICAL SCIENCE 68(1985)2

Pharmacokinetics of synthetic human parathyroid hormone 1-34 in man measured by cytochemical bioassay and radioimmunoassay – G.N.Kent et al.

The contribution of endogenous urea to faecal ammonia in man, determined by N-15 labelling of plasma urea – O.M. Wrong et al.

The effect of airway anaesthesia on the control of breathing and the sensation of breathlessness in man (Using Tc-99m-labelled bupivacaine) – A.J. Winning et al.

CLINICAL SCIENCE 68(1985)3

Apparent compartmentation of body nitrogen in one human subject : its consequences in measuring the rate of whole-body protein synthesis with N-15 (using 7 N-15-labelled L-amino acids and 2 uniformly N-15-labelled proteins : wheat and yeast) – E.B. Fern et al.

Splenic pooling of granulocytes (using In-111-labelled granulocyte) – A.M. Peters et al.

A comparison of body protein determination in rats by in vivo neutron activation and carcass analysis – T. Preston et al.

A comparison of cobalamin binding by liver and kidney in rat and man (using Cyano-[Co-57] cobalamin and hydroxo-[Co-57]cobalamin) – J.S. D. Scott et al.

CLINICAL SCIENCE 68(1985)4

Total body potassium and water, and exchangeable sodium, in muscular dystrophy (using Na-22 and H-3-water, and measuring natural K-40) – C.J. Edmonds et al.

CLINICAL SCIENCE 68(1985)5

Human Tamm-Horsfall glycoprotein : urinary and plasma levels in normal subjects and patients with renal disease determined by a fully validated radioimmunoassay – C. Thornley et al.

Superoxide radicals, immunodeficiency and xanthine oxidase activity : man is not a mouse ! (using [8-C-14] deoxyadenosine) – H.A. Simmonds et al.

Human jejunal transglutaminase : demonstration of activity, enzyme kinetics and substrate specifity with special relation to glandin and coeliac disease (using [1,4-C-14] putrescine) – S.E. Bruce et al.

CLINICAL SCIENCE 68(1985)6

The biliary excretion of 25-hydroxy-[H-3]vitamin D_3 in the Gunn rat – M. Gascon-Barré

J. OF NUTRITION 115(1985)1

Dual-isotope method for determination of human zinc absorption : The use of a test meal of turkey meat (using Zn-65 and Cr-51) – P.R.Flanagan et al.

kalischen Parametern der beiden Phasen erfolgreich eingesetzt werden. All diese Einrichtungen besitzen jedoch den Mangel, daß ihre Aussagekraft auf den Niveaubereich begrenzt ist, in dem sich Meßfühler befinden.

Schwankt die Grenzschicht über einen größeren Höhenbereich, so müssen entweder zahlreiche Meßfühler eingesetzt oder das Meßsystem muß bewegt werden. Dies erfordert meist kompliziert aufgebaute, kostenaufwendige und wartungsintensive Anlagen [1, 2].

Die radiometrische Anlage, die im folgenden näher beschrieben wird, vermittelt bei n Detektoren $n + 4$ Informationen über die Lage der Phasengrenze ($n \geq 2$), wobei neben den konkreten Positionsangaben auch das Auswandern aus einem bestimmten Bereich und der Richtungsvektor angegeben werden. Die Anlage wurde für spezielle Überwachungsaufgaben im Aluminiumwerk Lauta entwickelt.

2. Aufbau der Anlage

Abb. 1 zeigt in schematischer Darstellung den Aufbau der Phasengrenzenmeßanlage. Ein radioaktiver Schwimm erist so austariert, daß er den Bewegungen der Phasengrenze folgt. Er befindet sich z. B. in einem perforierten Führungsrohr innerhalb der Trennkolonne, in der sich die zu überwachende Grenze zwischen organischer und wäßriger Phase ausbildet.

Die emittierte Strahlung trifft auf das fest installierte Detektorsystem — im vorliegenden Fall mit drei Detektoren — außerhalb der Kolonne. Es besteht aus einem Bleikollimator mit horizontal liegenden Schlitzen sowie hinter den Schlitzen angeordneten Zählrohren mit Anpaßverstärkern und Hochspannungstransvertern. Die hier geformten Impulse stehen an niederohmigen Ausgängen der Sonde zur Verfügung und gelangen über eine Kabelstrecke an das modifizierte industrielle Meßgerätesystem 24 017 von MKD. Bei einer Bestückung mit Impulsdichtemessern 29 052 stehen am Ausgang pro Kanal neben einer impulsdichteproportionalen Gleichspannung $U_A = K \cdot$ Imp. (t) die Schaltspannungen von jeweils zwei unabhängig voneinander einstellbaren Grenzwertschaltern zur Verfügung [3]. Die Verknüpfung der Grenzwertschaltersignale erfolgt im Logikbauteil. Dieser Einschub besitzt auch das Anzeigetableau zur optischen Signalisierung der Phasengrenzenlage. Ein weiterer Einschub enthält die akustische Warnmeldung.

Die gesamte Zusatzelektronik mit logischer Verknüpfung, akustischer Warnmeldung, optischer Anzeige und Stromversorgung wurde auf zwei EGS-Einschüben in freien Kanälen des Strahlenrelais 24 017 untergebracht.

Zum Aufbau der Anlage wurden im einzelnen folgende Teile eingesetzt:

Schwimmer	PE mit H 60, ∅ 30
Strahler	^{137}Cs mit 34,4 MBq (0,9 mCi)
Detektor	Zählrohr, Typ VA-Z-221
Sondenelektronik	Baustein 545 740.2 des VEB Robotron-Meßelektronik
Zentralgerät	Strahlenrelais 24 017 mit Impulsdichtemesser 29 052
	Verknüpfungsbaustein
	Akustikbaustein

3. Funktionsweise

Von den jeweiligen Impulsdichtemessern werden die Detektorimpulse in eine intensitätsproportionale Gleichspannung umgewandelt, die an zwei nachfolgende Grenzwertschalter abgegeben wird. Dabei spricht Grenzwertschalter 2 bei Volleinstrahlung, Grenzwertschalter 1 bei Resteinstrahlung an. Volleinstrahlung ist bei Lage des Schwimmers direkt vor einem Kollimatorschlitz gegeben. Resteinstrahlung liegt vor, wenn durch den radioaktiven Strahler trotz des vor der Sonde angebrachten Kollimators noch eine deutlich über dem Nulleffekt liegende Strahlungsintensität vorhanden ist.

Die Ausgangspotentiale U_K der Trigger liegen in positiver Logik an den kontaktlosen Ausgängen der IDM an (0: (0 ± 0,5) V; L: +(7,5 ... 12) V) und eignen sich durch die prellfreie Anschaltung zum direkten Setzen digitaler Gatter. Insbesondere geeignet sind die IS der CMOS-Serie (hoher Betriebsspannungsbereich und hohe Störsicherheit, geringe Ruhestromaufnahme), von der zur Zeit leider nur eine kleine Typenanzahl aus eigener Produktion (Standardreihe U 4000) bzw. Importen (Reihe K 561 — UdSSR bzw. CD 4000 — NSW) zur Verfügung steht. So wurde die Verknüpfung nach notwendiger Pegelwandlung mit Standard-TTL-Gattern vorgenommen. Abb. 2 zeigt die Verknüpfung (Prinzip). Die Strahlerlagen B, C (Mittelstellung) und D sowie Zwischenzustände werden direkt gesetzt und optisch signalisiert.

Erreicht die Phasengrenze die vorgegebene Grenze des Arbeitsbereiches (Strahlerlage A bzw. E), so wird neben dem entsprechenden Leuchtsignal (LED) durch Freigabe eines Niederfrequenz-Oszillators ein akustisches Warnsignal ausgelöst. Schließlich wertet die Steuerelektronik

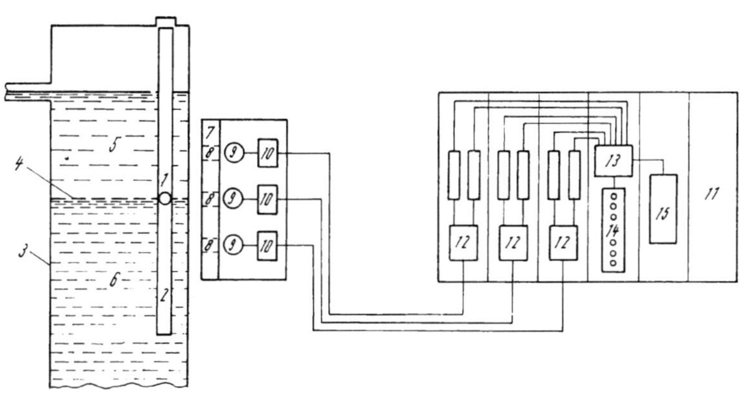

Abb. 1. Schematische Darstellung der Phasengrenzenmeßanlage

1 — radioaktiver Schwimmer; 2 — Führungsrohr; 3 — Kolonne; 4 — Phasengrenze; 5 — organische Phase; — 6 wäßrige Phase; 7 — Bleikollimator; 8 — Kollimatorschlitz; 9 — Zählrohr; 10 — Sondenelektronik; 11 — Strahlenrelais; 12 — Impulsdichtemesser und Grenzwertschalter; 13 — Logikbaustein; 14 — Anzeigetableau; 15 — akustische Warnmeldung

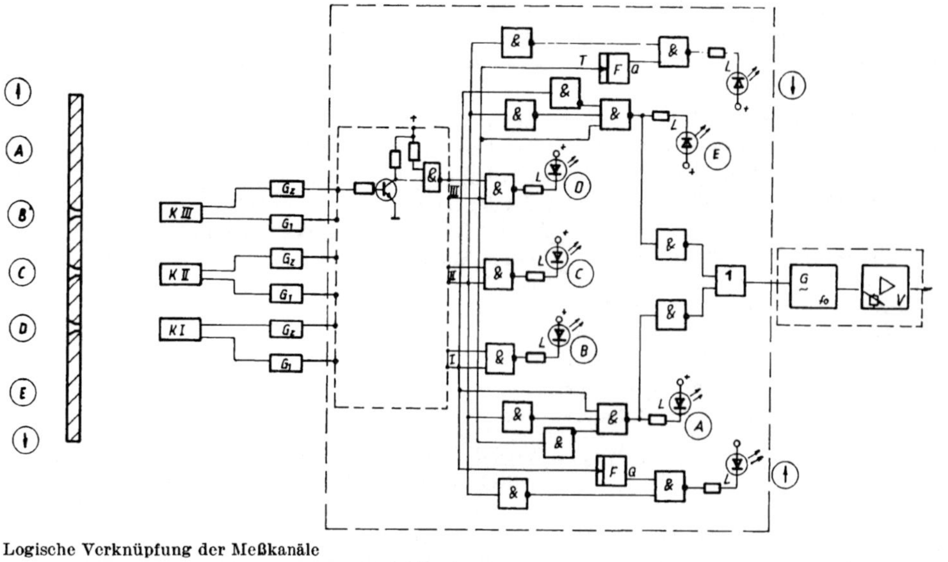

Abb. 2. Logische Verknüpfung der Meßkanäle

A, B, C, D, E, ↑, ↓ – Lage der Phasengrenze; K – Meßkanal; G – Grenzwertschalter; & – logische NAND; L – Leuchtdiode; F – taktflankengesteuertes Flip-Flop; $G_{\sim}$ – schaltbarer Generator; V – regelbarer NF-Verstärker

durch Setzen eines Speichers (L/O Sprung der G_1-Trigger von Kanal I und III auf die Taktleitung) Über- bzw. Unterschreitungen des durch die Kollimatorkonstruktion vorgegebenen Höhenbereichs ebenfalls optisch aus. Damit ist auch die Richtung der Phasengrenzenbewegung bei Auswandern aus dem Meßbereich erkennbar.

Die Anlage ermöglicht es also, bei Einsatz von drei Detektoren sieben diskrete Zustandsinformationen über die Lage der Phasengrenze zu erhalten [4]. Durch Überlappung von Triggerschwellen und Hysterese sind auch Zwischenpositionen auszuwerten, so daß sich eine quasi-kontinuierliche Lagebestimmung ergibt.

Neben der Signalverarbeitung zur optischen Anzeige und akustischen Warnung können die Signale zur Regelung einer konstanten Phasengrenzenlage nach bekannten Prinzipien herangezogen werden.

4. Schlußbemerkung

Die Inbetriebnahme dieser Anlage erfordert keine Eichung. Es ist lediglich ein Abgleich zur Einstellung der Ansprech- und Abfallspannung der Grenzwertschalter notwendig.

Die geforderte Genauigkeit zur Bestimmung der Phasengrenzenlage und die Größe des zu erfassenden Höhenbereichs bestimmen die Anzahl der Meßkanäle sowie die Gestaltung der Kollimatorschlitze. Im Normalfall genügen drei Kanäle und rechteckige Kollimatorschlitze. Mit einem im technischen Einsatz erprobten Gerät mit Kollimatorschlitzen von 7 mm Höhe und einem Schlitzabstand von 30 mm kann die Phasengrenze mit Sicherheit auf ± 20 mm konstant gehalten werden.

Eingegangen am 24. 10. 1984

Literatur

[1] WP 42 1 34/1226320, Nachlaufeinrichtung zur kontinuierlichen Füllstandsüberwachung, 1964

[2] Radiometrische Füllstandsmeßtechnik in der chemischen Industrie. Applikationsschrift des VEB RFT Meßelektronik „Otto Schön", Dresden, Dezember 1977

[3] Strahlenrelais 24 017. Betriebsvorschrift des VEB RFT Meßelektronik „Otto Schön", Dresden

[4] WP G 01 F/2462271, Einrichtung zur Bestimmung der Lage einer Grenzschicht, 1982

Isotopenpraxis 21 (1985) 10, S. 357 bis 360

Separation and α-Spectrometric Determination of the Isotopic Compositions of Uranium, Protactinium and Thorium and Their Applications on Dating Uranium Glass

H. F. Aly[1]), *M. M. El-Dessouky*

(Nuclear Chemistry Department, Nuclear Research Centre[1]) and Chemistry Department, Faculty of Science, Cairo University)

A flow sheet for the isolation of uranium, thorium and protactinium with high radiochemical purity from uranium matrices was developed. The isotopic compositions and the chemical yield of the different metal ions separated were determined by α-spectroscopy and isotopic dilution, respectively. The developed flow sheet was applied to analyse two uranium matrices, namely: a pitchblende mineral from Atabaska, Canada and old uranium glass manufactured in Joachimsthal, Czechoslovakia. From the isotopic compositions determined, it is found that the uranium in the pitchblende mineral is in equilibrium with its daughters. On the other hand, the activity ratios; $^{234}U/^{238}U$, $^{238}U/^{235}U$, $^{231}Pa/^{235}U$ and $^{230}Th/^{234}U$ determined for the uranium glass indicated that this glass was manufactured since 164 ± 16 years and the uranium used in coloring this glass was not completely purified from the ^{230}Th daughter of ^{234}U.

Es wurde ein Fließbild für die Abtrennung von Uran, Thorium und Protaktinium von hoher radiochemischer Reinheit von einer Uranmatrix entwickelt. Die Isotopenzusammensetzungen und die chemische Ausbeute der verschiedenen abgetrennten Metallionen wurden mit Hilfe der Alpha-Spektroskopie bzw. der Isotopenverdünnung ermittelt. Das entwickelte Fließbild wurde zur Analysierung von Uranmatrizen, d. h. eines Pechblendeminerals aus Atabaska, Kanada, und von altem Uranglas, hergestellt in Joachimsthal, ČSSR, verwendet. Aus den ermittelten Isotopenzusammensetzungen wurde festgestellt, daß sich das Uran im Pechblendemineral mit seinen Tochterelementen im Gleichgewicht befindet. Andererseits wiesen die beim Uranglas ermittelten Aktivitätsverhältnisse — $^{234}U/^{238}U$, $^{238}U/^{235}U$, $^{231}Pa/^{235}U$ und $^{230}Th/^{234}U$ — darauf hin, daß dieses Glas vor 164 ± 16 Jahren hergestellt wurde und das zur Einfärbung dieses Glases verwendete Uran nicht vollständig von ^{230}Th, dem Tochterelement von ^{234}U, gereinigt worden war.

Keywords

age estimation; alpha spectroscopy; isotope dating; isotope dilution; isotope ratio; protactinium; thorium; uranium

Introduction

Isotopic composition of uranium, protactinium and thorium are quite useful in investigations of geochemical processes. The isotopic ratios $^{234}U/^{238}U$, $^{230}Th/^{234}U$ and $^{231}Pa/^{235}U$ are of valuable importance in dating deep sea sediment horizon, fossil coralls and marine molluses shells [1]. Variations in these ratios also give a good understanding concerning the migration of uranium in different uranium deposits [2].

Determination of the isotopic composition of naturally occuring uranium, protactinium and thorium radionuclide could be mainly achieved by mass spectroscopy or α-spectrometric analysis after radiochemical separation [3]. In the present work, a flow sheet for the isolation and α-spectrometric determination of the isotopic compositions or uranium, protactinium and thorium in uranium containing materials was developed. The method was applied for the analysis of the isotopic compositions of a pitchblende uranium ore from Atabaska, Canada and old uranium glass manufactured in Joachimsthal, Czechoslovakia.

Experimental

Chemicals and Radiotracers

All chemicals and reagents used were of A.R. grade and obtained from Merck. The radiotracers used as spikes for chemical yield determinations were the α-emitter ^{232}U and the γ-emitters ^{234}Th and ^{233}Pa. The α-activity of ^{232}U is by far of different energies from the other α-radionuclides expected from the naturally occuring uranium [4]. On the other hand, ^{234}Th and ^{233}Pa are γ-emitters. These radionuclides were purified by the standard methods used for this purposes [5, 6]. The radiochemical purity of these spikes were checked by γ- and α-spectrometry and proved to be more than 99·99 % radiochemically pure.

Radiochemical Separation Flow Sheet

After the quantitative addition of the spikes to the sample (50 – 150 mg), the sample was subjected to the chemical separation flow sheet given in Fig. 1. This flow sheet is based on the quantitative addition of the spikes of concern and a suitable carrier followed by quantitative dissolution of the sample. Separation of Th, U and Pa from the main matrix was carried out by coprecipitation as the hydroxide using dysprosium as carrier. After the dissolution of the precipitate in concentrated HCl, few drops of H_2O_2 was added to ensure the oxidation of uranium to the hexavalent state, thorium was then co-precipitated as the fluoride with the dysprosium carrier and the supernate containing uranium and protactinium was taken for evaporation to dryness. The precipitated fluoride was dissolved in concentrated nitric acid in the presence of few drops of saturated boric acid. The thorium was co-precipitated

[1]) Address: P.O. 13759, Cairo, Egypt

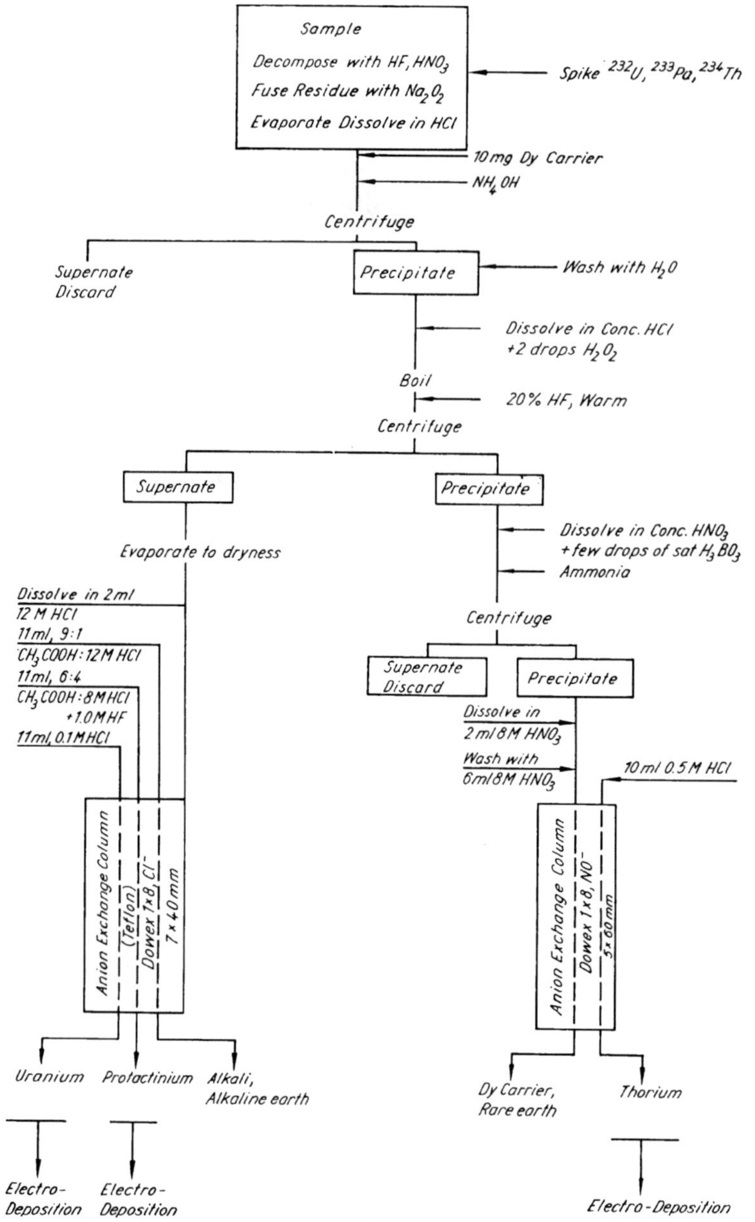

Fig. 1. Separation scheme for uranium, protactinium and thorium

again with dysprosium as the hydroxide using ammonia, and the supernate was discarded. After washing the precipitate with water it was dissolved in 2 ml 8 M HNO_3 and loaded on anion exchange column Dowex 1 × 8 (200 – 400) previously conditioned with several washes of 8 M nitric acid. The dysprosium carrier together with other lanthanides were washed out the column with 5 ml 8 M HNO_3, whereby thorium was eluted with 10 ml 0·5 M HCl. The dried fraction containing uranium and protactinium was dissolved in 2 ml of 12 M HCl and loaded on another anion exchange column (teflon) of Dowex 1 × 8 (200 to 400) in the chloride form. Washing with 11 ml 9:1 of CH_3COOH:12 M HCl mixture eluted alkali and alkaline earth that might be present. Protactinium was eluted by 11 ml 6:4 of CH_3COOH:8 M HCl + 0·1 M HF mixture. Finally, uranium was eluted with 11 ml of 0·1 M HCl.

The different fractions separated were evaporated to dryness, dissolved in electrolyte mixture of ammonium chloride-HCl and deposited on an 8 mm platinum disc [7]. The alpha spectra were obtained by a gold plated surface barrier detector (11 mm diameter, 0·96 cm^2 active area and a depletion layer of 0·4 mm) installed in a specially designed vacuum chamber for continuous operation over long periods. Source – detector distance was controlled by using an adjustable source amoung holder based on a 1 mm pitch screw. The detector holder was surrounded by a water coil to keep the temperature of the coil at 5 °C during counting. The detector was connected to a charge sensitive transistorised pre-amplifier (ORTEC), a low noise amplifier and followed by Intertechnique 800 channel pulseheight analyser. The resolution of the system was 27 keV full width at half maximum peak height for the 5·49 MeV peak of a point source of ^{241}Am. The background of this system was below 0·02 cpm allover the whole energy range up to 8 MeV. For the α-ray measurements, a 25 cm^3 Ge(Li) detector coupled with a TRIDAC 4096 channel analyser was used. The resolution of this system was 2·9 keV for the 1332 keV γ-line of ^{60}Co.

Results and Discussion

Following the flow sheet developed, Fig. 1 a chemical yield of more than 95% for uranium, 30–35% for protactinium and 65–70% for thorium was obtained. The α-spectrum obtained for each fraction, Fig. 2–4, showed the high radiochemical purity of the separated species. Qualitatively, the α-spectrum of uranium, protactinium and thorium isolated from the two matrices analysed were similar. Quantitative estimation of each radionuclide was based on the area under those peaks of interest after subtracting the background introduced from tailing. In this respect, the technique and method developed by *Kirby* [8] were applied and the following expression was used.

$$A = \frac{R}{t \cdot y \cdot G \cdot W \cdot b}$$

where A is the total number of disintegration per mg sample, R net counting rate for the peak or peaks of interest, t is the time of counting in minutes, y is the chemical yield fraction, G is the geometry factor (as determined with a standard source prepared and counted in the same manner as the sample), W is the weight of the analysed sample in mg and b is the branching ratio of the measured α-peak or peaks.

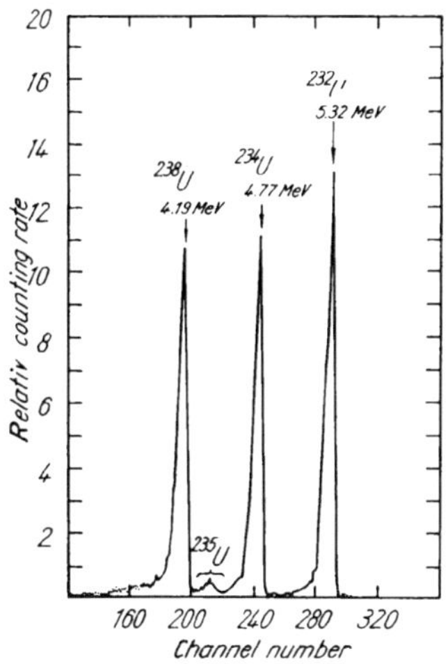

Fig. 2. α-spectrum of the separated uranium radionuclides

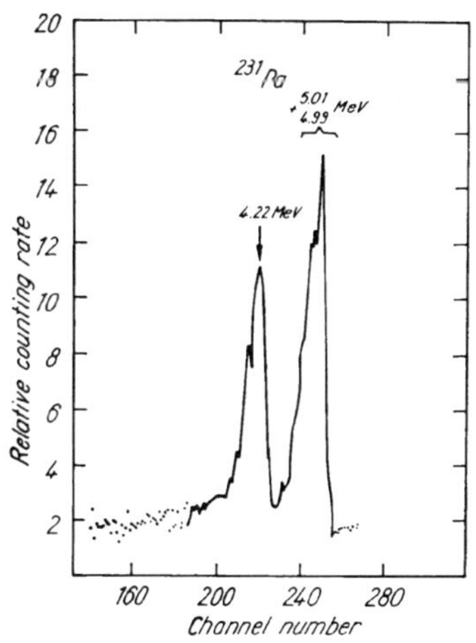

Fig. 3. α-spectrum of the separated protactinium

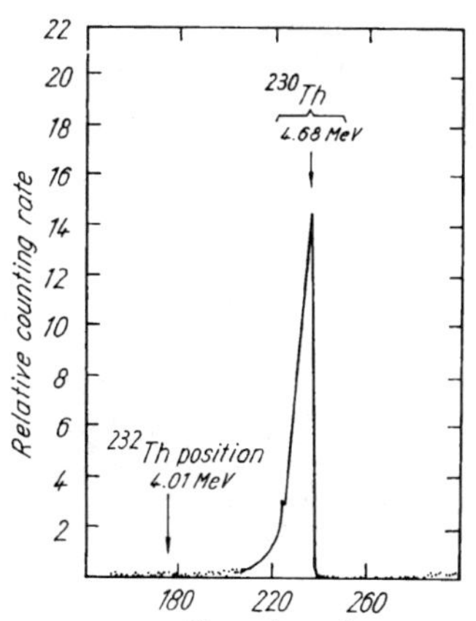

Fig. 4. α-spectrum of the separated thorium

From the experimental results, Tab. 1, it is found that the precision of the analysis is related to the different radionuclides analysed. Thus, the amount of ^{230}Th, with its distinct α-spectrum, determined is precise within ±1%, whereby for ^{238}U and ^{234}U nuclides the precision is decreased to ±2% due to the contribution of the ^{235}U spectrum. The amount of ^{235}U determined is subjected to an error of ±5% due to the tailing of ^{238}U and ^{234}U α-spectra surrounding the ^{235}U α-peak. While ^{231}Pa is completely free from other α-emitting nuclides, yet its concentration value is suspected to an error of ±8% a result which can be attributed to its complex α-spectrum.

Tab. 1. Isotopic Composition and Concentration of Uranium, Thorium and Protactinium in Atabaska Pitchblende Samples

Radio-Isotope	d · min⁻¹ · mg⁻¹ for different samples*)				Mean**) value	Concentration
	S_1	S_2	S_3	S_4		
^{234}U	118·0	117·0	117·4	118·2	117·6 ± 0·8	8·4 ± 0·2 ppm
^{235}U	5·35	5·21	4·98	5·45	5·25 ± 0·24	0·114 ± 0·005 %
^{238}U	117·1	116·9	118·0	116·0	117·0 ± 1·0	15·8 ± 0·2 % 17·1 ± 1·2 %***)
^{231}Pa	5·01	4·95	4·85	4·95	4·94 ± 0·08	0·44 ± 0·02 ppb
^{230}Th	119·5	119·0	119·0	119·3	119·3 ± 0·3	2·71 ± 0·01 ppm
^{232}Th	< 0·11	< 0·11	< 0·11	< 0·12	< 0·11	< 39 ppm

*) d · min⁻¹ · mg⁻¹: disintegration per minute per milligrame sample
**) the error given is based on a confidence limits of 90 %
***) chemical analysis

The concentration of the different radionuclides in the two matrices analysed, Tab. 1, indicated that the total amount of uranium determined by the isotopic dilution method developed is more or less similar to that determined chemically by complexemetric titration. To check the equilibrium conditions of the analysed samples, the activity ratios of $^{234}U/^{238}U$, $^{238}U/^{235}U$, $^{231}Pa/^{235}U$ and $^{230}Th/^{234}U$ were calculated. For the Atabaska pitchblende, the activity ratios obtained, Tab. 3, indicated that the daughters ^{230}Th and ^{234}U are in radioactive equilibrium with the parent radionuclide ^{238}U and therefore the Atabaska pitchblende is a primary ore, as expected. Further, it can be suggested that within the last 10^5 years this ore was not subjected to any considerable fractionation from its ^{230}Th daugther. The value of the $^{238}U/^{235}U$ and $^{231}Pa/^{235}U$ ratios show that the pitchblende analysed has the natural abundence and the ^{231}Pa is in equilibrium with its parent ^{235}U.

Prior to the discovery of the radioactive nature of uranium and its fission properties, uranium was mainly used in coloring glass in Bohemia, Czechoslovakia [9]. Therefore, it is found to interest to apply the developed method to analyse a pice of uranium glass to learn about its age and

Tab. 2. Isotopic Composition and Concentrations of Uranium, Thorium and Protactinium in the Uranium Glass Samples

Radio-isotope	d · min⁻¹ · mg⁻¹ for different samples*)				Mean**) value	Concentration
	S_1	S_2	S_3	S_4		
^{234}U	9·1	9·0	8·8	9·1	9·00 ± 0·15	0·64 ± 0·02 ppm
^{235}U	0·42	0·39	0·40	0·41	0·40 ± 0·02	873 ± 14 ppm
^{238}U	8·8	8·9	8·8	8·7	8·8 ± 0·1	1·18 ± 0·02 % 1·31 ± 0·09 %***)
^{231}Pa	0·0013	0·0014	0·0013	0·0013	0·0013 ± 0·0001	
^{230}Th	0·74	0·76	0·74	0·75	0·75 ± 0·01	10·90 ± 0·03 ppb
^{232}Th	$<2·0 \times 10^{-3}$	$<3·5 \times 10^{-3}$	$<3·2 \times 10^{-3}$	$<3·3 \times 10^{-3}$	$<3·0 \times 10^{-3}$	<8·5 ppm

*) $d \cdot min^{-1} \cdot mg^{-1}$; distingration per minute per milligrame sample
**) the error given is based on a confidence limits of 90 %
***) chemical analysis

purity. In Tab. 1 and 2, the analysis of the glass sample is given. The isotopic composition of uranium in this sample indicates that the uranium content is of natural compositions and the daugthers ^{230}Th and ^{231}Pa are not in equilibrium with their parents, ^{234}U and ^{235}U. Assuming that the uranium used was free from its daughters ^{230}Th and ^{231}Pa before use in coloring the glass, and the analysed matrix remained closed with respect to the radionuclides ^{234}U, ^{235}U, ^{231}Pa and ^{230}Th, since the glass was manufactured, the activity ratios $^{230}Th/^{234}U$ and $^{231}Pa/^{235}U$ should give the time at which the glass was manufactured, using the relation [10]

$$t = \frac{1}{\lambda_d} \ln \left(1 - \frac{A_d}{A_p}\right)$$

where λ_d is the disintegration constant of the daughter radionuclides (^{230}Th or ^{231}Pa) and A_d/A_p is the activity ratio of the daughter to the parent.

Based on the aforementioned assumptions and relation, the $^{231}Pa/^{235}U$ ratio, Tab. 2, gave an age of 164 ± 16 years for the uranium glass which is in good agreement with the age found by neutron activation analysis (160 ± 16 y) [11] or by fission track techniques (156 ± 17 y) [12]. Using the $^{230}Th/^{234}U$ ratio, the age of the uranium glass was found to equals $9·11 \times 10^3$ years which is much higher than expected since uranium glass was not known before the 19th century [9]. These results conclude that the assumption that the uranium used in manufacturing the glass was free from ^{231}Pa and ^{230}Th is only valid for ^{231}Pa but not for ^{230}Th.

Using a value of 164 y as age for the uranium glass based on the $^{231}Pa-^{235}U$ ratio, the $^{230}Th/^{234}U$ ratio should be equals 0·00152. Such a value indicates that the uranium

Tab. 3. Activity Ratio of Different Radionuclides in the Sample Analysed

Isotopic Ratio	Samples	
	Atabaska pitchblende	Uranium Glass
$^{234}U/^{238}U$	1·01 ± 0·01	1·02 ± 0·02
$^{238}U/^{235}U$*)	22 ± 1	22 ± 1
$^{231}Pa/^{235}U$	0·94 ± 0·05	0·0032 ± 0·0003**)
$^{230}Th/^{234}U$	1·01 ± 0·08	0·083 ± 0·003***)

*) natural activity ratio: 21·6
**) This ratio give an age of 164 ± 16 years, using $\lambda_{231} = 2·13 \times 10^{-5}\,y^{-1}$ and $\lambda_{235} = 9·76 \times 10^{-8}\,y^{-1}$
***) This ratio give an age of $9·11 \times 10^3$ years, using $\lambda_{230} = 9·24 \times 10^{-6}\,y^{-1}$ and $\lambda_{234} = 2·81 \times 10^{-6}\,y^{-1}$

used in manufacturing this glass contained at least 1·4 ppm of ^{230}Th. The origin of this impurities can be searched within the process used early for purification of uranium before use in manufacturing the glass. In this respect, the method used for processing the pitchblende of Joachimsthal for separating uranium comprises the following steps [9]; i) Roasting the fine powdered ore with 14% limestone for 4–9 hours followed by the addition of 15% anhydrous sodium carbonate and 2% sodium nitrate with further roasting for 3 hours, ii) Washing the mold with hot water and discarding the filtrate containing the soluble arsenate, molybdate, vanadate, sulphides and tungstate, iii) Dissolving the residue with 40% of its weight with concentrated sulphuric acid and 4% (by weight) nitric acid followed by discarding the precipitate, iv) Supersaturate the uranium concentrate with sodium carbonate and discarding the precipitate, v) Neutralization of the uranium solution with H_2SO_4 in lead containers to obtain the uranium yellow cake, vi) Washing with water followed by drying. From this process, purification of protactinium and thorium from the pitchblende containing uranium is mainly achieved in steps (ii) and (iv), where both Pa and Th are precipitated with the different arsenate and molybdate in step (ii) and as the carbonate in step (iv), the incomplete separation of thorium can be mainly attributed to the supersaturation of the medium with sodium carbonate which partially dissolves some of the thorium carbonate [13] with subsequent partial contamination of uranium with thorium as experimentally decumented.

Received August 22, 1984
Accepted in revised form January 22, 1985

References

[1] *J. D. Burton*, in "Chemical Oceonography", vol. 3, Chapter 18; J. R. Riley and G. Skirrow (Eds.). Academic press, N.Y. 1975
[2] *G. Fauer*, "Principle of Isotope Geology", John Wiley, N.Y. 1977
[3] *J. P. Riley*, "Chemical Oceonography", vol. 3, Chapter 19; J. P. Riley and G. Skirrow (Eds.). Academic press, N.Y. 1975
[4] *A. Rytz*, Atomic Data and Nuclear Data Tables **12** (1973) 479
[5] *J. I. Kim, H. J. Born*, Radiochemica Acta **16** (1971) 160
[6] *H. W. Kirby*, The Radiochemistry of protactinium. National Acedamy of Science Report, NAS-NS-3016 (1959)
[7] *R. F. Mitchell*, Anal. Chem. **23** (1960) 327
[8] *H. W. Kirby*, J. Inorg. Nucl. Chem. **23** (1970) 2823
[9] *F. Kirchheimer*, „Das Uran und seine Geschichte". Stuttgart: E. Schweizerbartsche Verlagsbuchhandlung 1963, p. 261
[10] *J. K. Osmond, J. R. Carpenter, H. L. Windom*, J. Geophys. Res. **70** (1965) 1843
[11] *H. F. Aly, U. Herpers, W. Herr*, J. Radioanal. Chem. **26** (1975) 279
[12] *J. Kaufhold, W. Herr*, Symp. On Radioactive Dating and Methods of low level counting, I.A.E.A. Monaco 1967, p. 403
[13] *A. N. Nesmeyanov*, "Radiochemistry". Moscow: Mir publishers 1974 (*English edition*)

Isotopenpraxis **21** (1985) 10, S. 361 bis 364

Dynamic Characteristics of Sulphur Partition in Open-Hearth Process in the Light of Radiotracer Research

J. St. Michalik[1])

(Institute of Nuclear Research, Department of Nuclear Methods for Process Engineering, Poland)

The application of sulphur-35 as a tracer in industrial metallurgical processes gives additional information on its behaviour in different stages of smelting processes. The sulphur introduced into the process with particular charge materials and fuel behaves in different manner and the dynamics of the changes of total sulphur content in metal and slag has been investigated depending on its carrier and the stage of the smelting process.

Die Anwendung von Schwefel-35 als Tracer in der metallurgischen Industrie liefert zusätzliche Informationen über das Verhalten in verschiedenen Stufen des Schmelzprozesses. Der durch verschiedene Ausgangsstoffe und Brennstoff eingetragene Schwefel verhält sich unterschiedlich, und die Dynamik des Gesamtschwefelgehaltes im Metall und in der Schlacke wurde in Abhängigkeit vom Trägerstoff und von der Stufe des Schmelzprozesses untersucht.

Keywords

furnaces; mass balance; metallurgy; refining; slags; sulfur; sulfur 35; tracer techniques

Introduction

Sulphur behaviour in metallurgical processes and systems has engaged a considerable amount of theoretical and experimental work. Studies under laboratory conditions on model systems have yielded data which are the basis of several theoretical generalizations and facilitate the interpretation of phenomena and processes occurring with the participation of sulphur in metallurgical practice.

However on the other hand there are many problems in steel production concerning sulphur behaviour in commercial-scale processes. Thermodynamic and kinetic parameters as well as process mechanism determined under laboratory conditions differ from the values found under intricate industrial conditions.

Balancing elements in metallurgical processes with the use of labelled atoms

The investigation of processes occuring with the participation of sulphur under the conditions of open-hearth furnace is of importance for improving the technology and steel quality. Sulphur occurence in many charge materials and fuel of open-hearth process makes the investigation more difficult. Sulphur introduced into a furnace along with these materials reacts under various physicochemical conditions.

The determination of basic parameters of these processes is possible by means of labelled atoms. Successive tagging sulphur, contained in different charge materials and fuel, with a radionuclide of the element makes it possible to trace its movement in the process.

It can be assumed that the element's partition in the process is determined by the following parameters: a value characterizing its transfer from a given source (raw material) to individual products, the transfer coefficients $p_{Z_i}^{P_j}$; and values describing the content of the element, originating from particular sources, in a particular product, the portion $u_{Z_i}^{P_j}$ (Fig. 1).

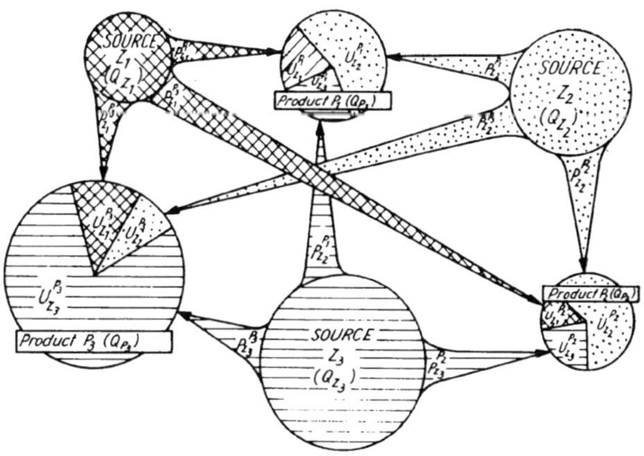

Fig. 1. Theoretical scheme of the balance of an element in a process ($i = 3, j = 3$)

The procedure and way of data interpretation which lead to the discussed values $p_{Z_i}^{P_j}$ and $u_{Z_i}^{P_j}$ are the subject of the isotopic method of balancing elements in technological processes [1]. The technique has been put into broad practice to balance sulphur, phosphorus, and chromium in metallurgical processes [2—5].

Dynamics of sulphur partition changes in the system: metal — slag — gaseous phase

The determination of the dynamic characteristic of sulphur partition process in an open-hearth furnace is an extremly important theoretical and practical problem. Values describing the dynamics of these processes can be found by the isotopic technique of balancing elements. These values will characterize the process in its "macro"

[1]) Present Address: Institute of Atomic Energy, 05-400 Otwock-Świerk, Poland

scale. Investigations of sulphur partition made by the technique in two steelworks under different conditions have led to a number of interesting relationships in the discussed context of the matter.

In the first of the two steelworks the studies concerned sulphur partition during the smelting of constructional steel (St3SX) in an open-hearth furnace fired with mazout containing 0·9% sulphur (technical variant A) and a mixture of natural gas and mazout containing 2·2% sulphur (variant B). The scrap percentage of a batch amounted to 49 and that of pig iron to 41 on the average, in the both cases.

In the other steelworks sulphur balance was examined in an open-hearth furnace with a solid charge (smelting the steel Sp1A) fired with a mixture of natural gas and high-sulphur mazout containing 2·2% sulphur (variant C) or mazout with 0·8% sulphur content (variant D). Scrap amounted to 56% on the average and solid pig iron to 35% of the furnace charge.

To label the source of sulphur in the process the radioisotope ^{35}S was used in such a chemical form which corresponded with that occuring in a particular raw material or fuel.

The method and the results of the investigations of sulphur balance for the four variants of open-hearth process were presented in [4, 5]. In the same papers some problems of sulphur transfer mechanism as well as some relationships expressing the intensity of sulphur partition in the system of reacting phases with regard to melting periods were also described.

In the course of the examinations metal and slag samples were taken from the furnace at 15—20 minutes' intervals and subjected to both chemical and radiometric analysis. Data given in [4, 5] exemplify the results of these studies. The findings make it possible to set practically any number of transitional sulphur balances which — contrary to final ones published in [4, 5] — characterize the dynamics of sulphur partition changes, sulphur being introduced with fuel, scrap-metal, and pig iron and divided between metal, slag, and gaseous phase.

With a view to open-hearth process instability, technological operations applied (ore and flux additions) as well as the changeability of such process parameters like temperature, carbon and manganese content, and other variables, it is difficult to speak about a monotonic course of processes which occur, including sulphur partition.

The data which describe the dynamics of sulphur partition changes in open-hearth process are presented here in the form of curves characterizing the behaviour of sulphur originated from particular sources in the period of refining.

In order to simplify the description of sulphur partition processes in an open-hearth furnace the melting period can be divided into characteristic stages.

1) For technical variants A and B (the process with liquid pig iron) the stages are:

- stage "a" including scrap-metal charging and heating-up till the moment of pig iron pouring,
- stage "b" between pig iron pouring and the beginning of steel refining period,
- stage "c" the period of refining till the moment of tapping.

2) In the case of variants C and D (the process with solid charge) one can distinguish:

- stage "a" — the process of charging and the melting down process,
- stage "c" — from the beginning of refining period till the moment of tapping.

As is well known, during scrap-metal (and solid pig iron in certain variants) charging and heating-up intensive processes of metal sulphurization with fuel sulphur occur. Any possibility of influencing the process course is only the selection of metallic charge form, reducing the time of process duration, and the selection of proper fuel consumption, sulphur content of fuel, and combustion intensification.

The virtual possibility of influencing sulphur partition running appers later: in the period of refining.

In the case of open-hearth process with liquid pig iron, distinguishing the additional stage between the moment of pig iron pouring and the beginning of steel refining period (stage "b") is justified by the rapid change of physico-chemical conditions in an open-hearth furnace.

It is generally known from practice that during pouring pig iron violent reactions occur in a furnace resulting in removing from the system, together with the gaseous phase, a considerable part of sulphur which was earlier let into the furnace with fuel. In this paper the results of isotopic studies in accordance with the four variants discussed are presented.

They give the main characteristics of sulphur partition in open-hearth process.

Behaviour of mazout sulphur

In the period of charging and heating-up metallic batch the sulphurization of metal with fuel sulphur occurs. This phenomenon takes place in all of the four above-mentioned technical variants with considerable intensity.

In the case of the A variant sulphur introduced into a furnace with fuel passes to steel in the amount of 8% during the whole smelting process and in the case of the B, C, and D variants the amount is 11; 6; and 8%, respectively [4, 5]. As the result of the process, fuel sulphur amount compared with its total amount in steel will be 13—43% depending on technical variant [4, 5].

It is characteristic of variants A and B that fuel sulphur passes to steel mainly during charging and heating-up stages; this makes about 80% that sulphur amount which entered steel from fuel [4]. The curves of mazout sulphur behaviour in metal and slag during steel refining period are shown in Fig. 2.

For better comparability of relationships characterizing the behaviour of sulphur from different sources, diagrams have been plotted in the following way: on the "x" axis the time of steel refining in %% is marked and on the "y" axis-the ratio of specific activities a_i of metal or slag to the specific activity value a_0 corresponding to the beginning of refining period. Specific activities of metal or slag characterize radioactive sulphur content, that is the content of sulphur coming from the labelled source of the element. The curves are presented in Fig. 2—7 and correspond to mean values, the hatched area characterizing the variability of results.

From Fig. 2 it is evident that fuel sulphur content in metal increases to a certain degree at the beginning of steel refining period and then its amount decreases as the refining runs. It is clearly visible that the final content of fuel sulphur in metal is a little higher than the value characteristic of the beginning of refining period. The slag protects the metal in this period from sulphurization by fuel which is proved by the constant rise of fuel sulphur content in slag.

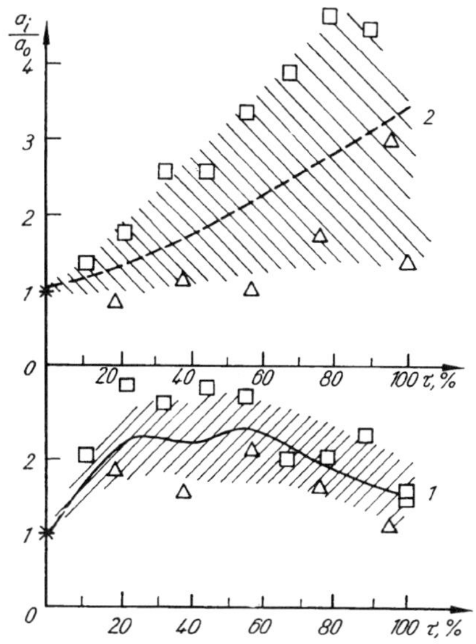

Fig. 2. Relative characteristic of the changes of mazout sulphur concentration in metal (1) and slag (2) versus steel refining time

Technical variant A. Labelling mazout-sulphur during the whole smelting operation

The processes of fuel sulphur partition in variants C and D run in another way. Much higher slag basicity [5] causes essential desulphurization of metal during refining period. As the studies have revealed the whole quantity of fuel sulphur remained in finished steel derives from the "a" stage and this is only 25–30% the amount which passes to metal during charging and heating-up [5]. The curves in Fig. 3 and 4 confirm such a behaviour of sulphur in technical variants C and D. In Fig. 3 (variant C) the characteristics of the changes of fuel sulphur content in metal and slag are presented for two cases: labelling fuel sulphur during charging and heating-up (Fig. 3a) and during the whole smelting operation (Fig. 3b). It is easily seen that the characteristics in the case of metal are similar to a high degree. This is the confirmation of the above-discussed conclusion. The differences between the curves characterizing specific activity of slag show that sulphur introduced with fuel during refining period is being effectively bound by high-basic slag and that is why it does not pass into meta considerably. In Fig. 4 the similar characteristic is demonstrated for variant D; the kinetic relationships as discussed above are confirmed also in this case.

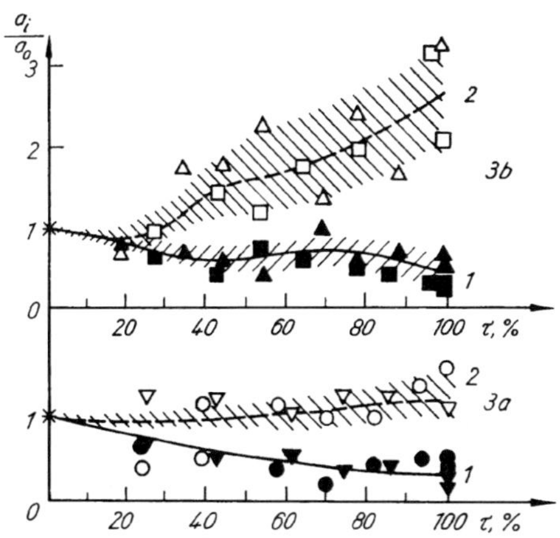

Fig. 3. Relative characteristic of the changes of mazout sulphur concentration in metal (1) and slag (2) versus steel refining time

Technical variant C. Labelling mazout-sulphur during charging and heating up (Fig. 3a) and during the whole smelting operation (Fig. 3b)

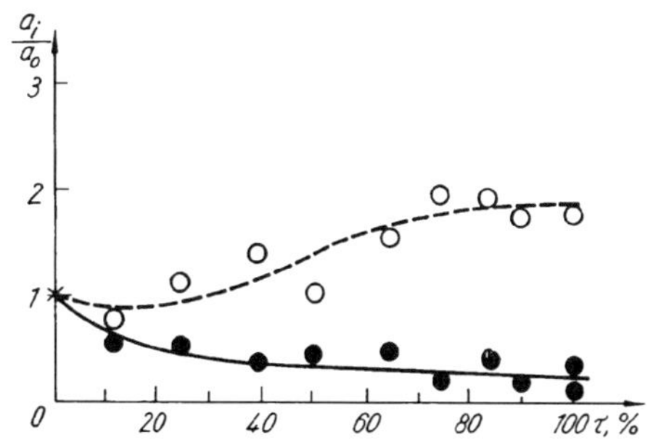

Fig. 4. Relative characteristic of the changes of mazout sulphur concentration in metal (1) and slag (2) versus steel refining time

Technical variant D. Labelling mazout-sulphur during the whole smelting operation

Behaviour of pig iron sulphur

The results of isotopic research indicate that the transfering of pig iron sulphur to steel is less intensive than hitherto assumed; the transfer coefficients are 22% (variant A) and 33% (variant B) and the portions of pig iron sulphur in steel are 10 and 17% respectively (in variant A and B pig iron is used in liquid form) [4]. In this connection the dynamics of sulphur transfer from pig iron to metal is of interest. In Fig. 5 the curves characterizing the kinetics of the changes of pig iron sulphur content in metal bath and slag are shown. It appears from this figure that the changes in the case of metal bath are rather slight. The flat shape of the curve as well as the low decrease of the content of pig iron sulphur in liquid metal, in confrontation with the above mentioned low transfer coefficients, lead to conclusion that the main part of pig iron sulphur, about 50%, leaves the system as consequence of violent reactions occuring in an open-hearth furnace during pouring liquid pig iron into it.

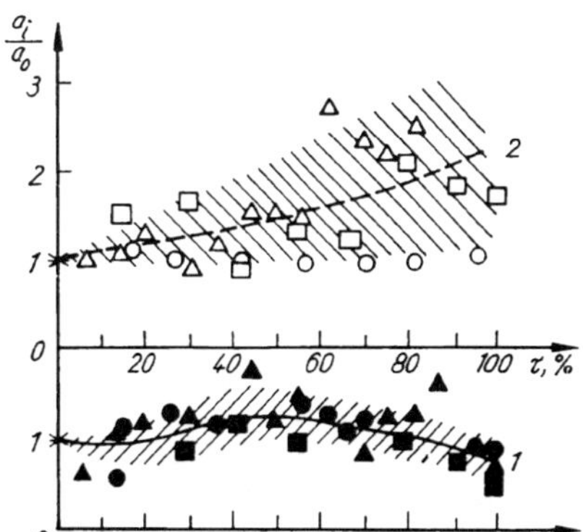

Fig. 5. Relative characteristic of the changes of pig iron sulphur concentration in metal (1) and slag (2) versus steel refining time

Technical variant B. Labelling pig iron sulphur

Behaviour of scrap-metal sulphur

As the investigations demonstrate [4], scrap metal is much more important factor influencing sulphur content in steel than it was believed before. High transfer coefficients (71% for variant A and 51% for variant B) determine that as much as 60% sulphur contained in steel originates from this charge material. In Fig. 6 the curves are shown which characterize the charges of scrap-metal sulphur

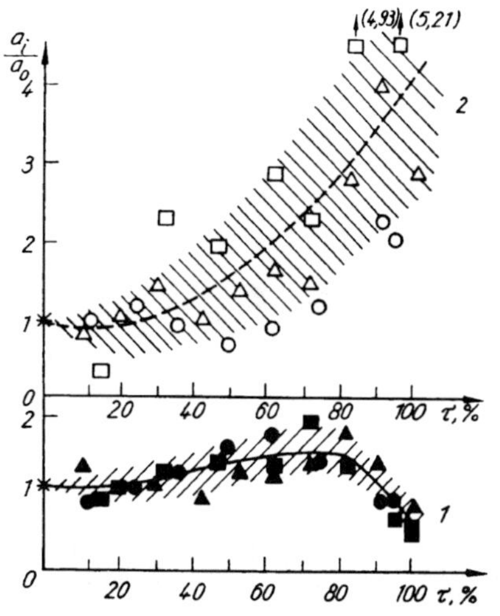

Fig. 6. Relative characteristic of the changes of scrap-metal sulphur concentration in metal (1) and slag (2) versus steel refining time Technical variant B. Labelling scrap-metal sulphur

content in metal and slag. The course of curve illustrating the dynamics of the content changes in metal shows that under the conditions of open-hearth process with liquid pig iron-sulphur introduced with this material leaves the metal only partly in the final stage of smelting. The melting-down of scrap metal takes rather considerable time after pouring pig iron and the fact offers favourable conditions for remaining the large part of scrap-metal sulphur in liquid metal.

This is also favoured by relatively low slag basicity [4, 5] as well as intensive slag sulphurization by fuel. The peak which appears on curve 1 can be related with the homogenization of metal bath (metal and slag samples were always taken from the same point of the bath).

Behaviour of metallic-charge sulphur in the process with solid charge

When scrap metal and pig iron are used in the same physical state it is justified — under the conditions of open-hearth process — to consider identically the behaviour of sulphur originating both from scrap and pig iron. This is based on two rather evident assumptions: from the point of view of the occuring physical processes (melting down) sulphur contained in either of the two raw materials will be transfered to liquid phase in similar manner; it will also similarly enter into physicochemical reactions occuring in an open-hearth furnace. The fact was taken into account in isotopic research done [5] when it was assumed that the values of the coefficients of sulphur transfer from pig iron and scrap metal to particular products of the process were equal. In Fig. 7, just as in the earlier cases, the dynamics of the changes of metallic-charge sulphur content in metal bath is shown. The curve

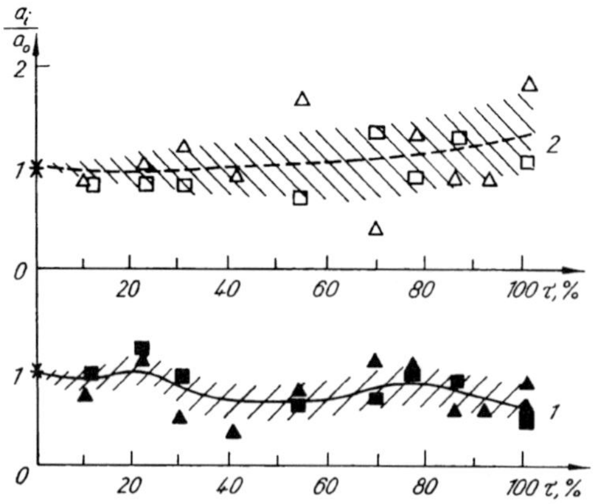

Fig. 7. Relative characteristic of the changes of metallic-charge sulphur concentration in metal (1) and slag (2) versus steel refining time Technical variant C. Labelling sulphur of solid metallic charge

is similar to those in Fig. 5 and 6. However, the distinct reduction of the amount of metallic-charge sulphur in metal bath can be observed. This is due to the higher basicity of slag used in these technical variants, i.e. variants C and D. The other aspects of the course of this kinetic curve show no differences as compared to similar characteristics which were discussed for the case of the behaviour of pig iron sulphur and scrap-metal sulphur in metal bath under the process conditions of variant A and B.

Recapitulation

The results presented and the discussion give additional information on sulphur partition in industrial metallurgical processes. This relates particularly to these results which are to a certain degree different from the generally recognized present views on the mechanism and characteristics of sulphur transfer from pig iron and scrap metal to steel and other products of open-hearth process. Thus, sulphur introduced into the process with particular charge materials and fuel behaves in different manners depending on its carrier and the stage of smelting process during which it has been introduced. The dynamics of the changes of total sulphur content in metal and slag is a result of "partial" processes, i.e. the processes which sulphur from different sources takes part in.

Received December 21, 1984

References

[1] *J. St. Michalik*, "Radiotracer method for the chemical elements balancing in technological processes" (in polish). Raport IBJ 1383/XX/I, Warszawa 1972

[2] *J. Michalik, J. Kominek, Z. Bazaniak*, Isotopenpraxis **7** (1971) 134

[3] *Z. Bazaniak, J. Michalik*, Hutnik **38** (1971) 240

[4] *J. Michalik, Z. Bazaniak, J. Birecki*, Izvestiya VUZ'ov, Chernaya Metallurgiya, **20**, 7 (1977) 46

[5] *W. Dalecki, Z. Bazaniak, J. St. Michalik, J. Miecznikowski, Z. Walag* Revue de Metallurgie **74** (1977) 413

Isotopenpraxis 21 (1985) 10, S. 365 bis 367

Application of Autoradiography in Studying the Matter Transport in Scales Formed on Metals in Oxygen and Sulphur Atmospheres*)

J. Gilewicz-Wolter

(University of Mining and Metallurgy, Institute of Nuclear Physics and Techniques, Cracow)[1])

The transport of oxidant in the scale formed during hightemperature oxidation of metals has been studied with the use of a two-stage oxidation method. This method enables the observation of the distribution of labelled oxidant in the initially formed non-labelled part of the scale. Stable isotope of oxygen, ^{18}O, and radioactive isotope of sulphur, ^{35}S, have been used in the study. Oxygen-18 has been detected with the aid of a nuclear reaction $^{18}O(p,n)^{18}F$. Transversal cross-sections of the oxidized samples have been bombarded with protons in a cyclotrone and then examined autoradiographically. Concentration changes of the isotope have been determined photometrically. It has been stated that in addition to the outward diffusion of metal, evidenced by other methods, the inward transport of oxidant participates as a rule, in the process of scale growth. The character of oxidant transport has been suggested.

Der Transport von Oxydationsmitteln in Zunder, der sich während der Hochtemperatur-Oxydation von Metallen gebildet hat, wurde mit Hilfe der Zweistufen-Oxydations-Methode untersucht. Diese Methode ermöglicht die Beobachtung der Verteilung des markierten Oxydationsmittels in dem anfangs gebildeten nichtmarkierten Teil des Zunders. Für die Untersuchung wurden das stabile Sauerstoffisotop ^{18}O und das radioaktive Schwefelisotop ^{35}S verwendet. ^{18}O wurde mit Hilfe der Kernreaktion $^{18}O(p,n)^{18}F$ ermittelt. Schnitte von oxydierten Proben wurden in einem Zyklotron mit Protonen beschossen und autoradiographisch ausgewertet. Veränderungen in der Isotopenkonzentration wurden photometrisch bestimmt. Es wurde festgestellt, daß neben der mit anderen Methoden ermittelten äußeren Diffusion von Metall in der Regel der innere Oxydationsmittel-Transport am Prozeß des Zunderwachstums beteiligt ist. Der Charakter des Oxydationsmitteltransports wurde untersucht.

Keywords

alloys; autoradiography; corrosion products; mass transfer; metals; metallurgy; scaling

Most often oxidation of metals leads to the formation of a solid scale separating the metallic material from the surrounding atmosphere. Further scale growth can proceed due to the transport of either one or both reagents through the reaction product. The mechanism and kinetics of oxidation which are significantly influenced by the matter transport through the scale, determine the progress of corrosion.

Numerous studies concerning the growth of thick scales on metals and alloys have led to the formulation of a dissociative mechanism of oxidation of metallic materials [1–4]. The main statements of this dissociative mechanism are: In the case when only metals are the diffusing species in the scale, its growth not always occurs at the scale/gas interface. In the course of the reaction the scale may loose contact with the metallic core which leads to secondary scale dissociation and subsequent formation of the reaction product at the metal/scale interface. The dissociation process may occur in the internal part of the scale only, or may lead to the formation of intergranular fissures in the whole thickness of the scale due to its anisotropic character.

The scale growth may occur due to:

1. outward metal diffusion only,
2. outward metal diffusion and confined dissotiation resulting in the formation of a thin inner layer at the metal/scale interface,
3. outward diffusion of metal and simultaneous inward transport of oxidant through the dissociative fissures or grain boundaries in the scale, resulting in the formation of a thick inner layer.

Although the contribution of dissociation process in the scale growth has been confirmed by different experiments, the use of autoradiographic method appears to be particularly advantageous and convincing. In these experiments a two-stage oxidation is usually applied. The first stage of the reaction is carried out in a non-radioactive oxidant, whereas the second one in the atmosphere enriched in radioactive isotope of the oxidant. The application of autoradiography enables a direct examination of tracer distribution in the initially non-radioactive part of the scale. The character of its distribution provides information concerning the mechanism of oxidant transport. Since the/most frequently encountered and the most aggresive components of the oxidizing atmospheres are oxygen, sulphur and its compounds, the model studies of high-temperature corrosion of metals are being carried out with simple systems consisting of metal or alloy and oxidizing atmosphere being either oxygen or sulphur or sulphur dioxide.

Some examples of experiments performed using sulphur ^{35}S and heavy oxygen ^{18}O are given below. In order to get the autoradiographic pictures of the distribution of radioactive sulfur in the scale cross-sections of sulphidized specimens were put directly on a fotographic plate. Heavy oxygen was detected by means of the nuclear reaction $^{18}O(p,n)^{18}F$ [5, 6]. The protons inducing the reaction were obtained from a 48-cm pole shoe cyclotron. The product

*) Presented at the XIVth International Symposium on Autoradiography, 19–23 November 1984, Reinhardsbrunn, GDR.

[1]) Address: Cracow, al. Mickiewicza 30, Poland

^{18}F is a radioactive isotope with a half-life of 111 min, emitting positrons with a maximum energy of a 0,62 MeV and about 3% of X-ray quanta. A characteristic feature of this reaction is the appearance of a series of resonance maxima corresponding to an increased probability of formation of a compound nucleus at a given incident particle energy. Confining energies to the region of the first resonance peak diminishes undesired activation of other components of the scale without causing any serious loss in the cross-section, which integrated over the first resonance peak is still large (about 48 mb) [7]. The reaction $^{18}O(p, n)^{18}F$ is also endoenergic process with a threshold energy of 2,59 MeV [8]. In these experiments the proton beam energy was about 2,8 MeV. The samples were mounted inside the ion guide and after evacuation of the system, the proton beam was decollimated in such a way that the whole cross-section surface of the specimen was irradiated. The activation with the proton beam current of 1,6 to 2,5 μA lasted 70 min.

Oxidation of pure metals

During the oxidation of pure metals a good contact between the metallic core and the scale may be maintained only in the case when the scale can deform to follow the dimishing metallic core. At the edges of flat samples the scale does not undergo plastic deformation at all. This results in perforating dissociation of the scale and consequent inward transport of the oxidant. The direct proof for the inward transport of oxidant is visible on the autoradiograph (Fig. 1). On the flat part of the specimen no inward penetration of sulfur is observed [1].

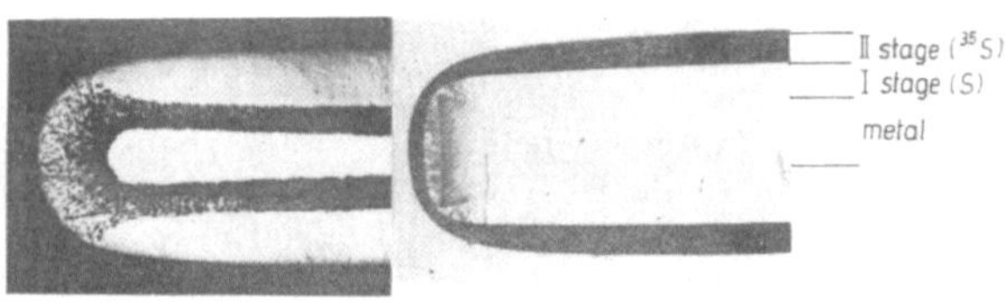

Fig. 1. Microfotograph and autoradiographe of the metallographic cross-section for Cu sample sulfidized 5 min in boiling natural sulfur and 15 min in ^{35}S [1]

Oxidation of Cu-Zn type alloys

When the concentration of less noble element in Cu-Zn type alloys is not too high, the oxidation leads to the formation of scales consisting of tow layers: an outer layer composed of base metal oxide or sulphide and an inner one being a heterophase mixture of oxides (or sulfides) of both alloy components. The marker experiments have shown that the outer scale layer grows by outward diffusion of base metal, whereas the tracer experiments have shown the inward penetration of oxidant to the inner layer.

The autoradiographs (Fig. 2 and 3) show that the mechanism of penetration of labelled oxidant through a non labeled part of the outer layer is identical to that described for the oxidation of pure metals when no plastic deformation of the scale occurs, i.e. when the perforating dissociation take place [9].

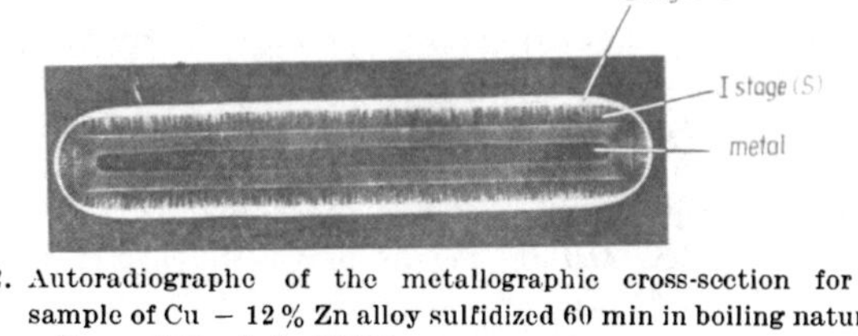

Fig. 2. Autoradiographe of the metallographic cross-section for a sample of Cu – 12% Zn alloy sulfidized 60 min in boiling natural sulfur and 60 min in ^{35}S [9]

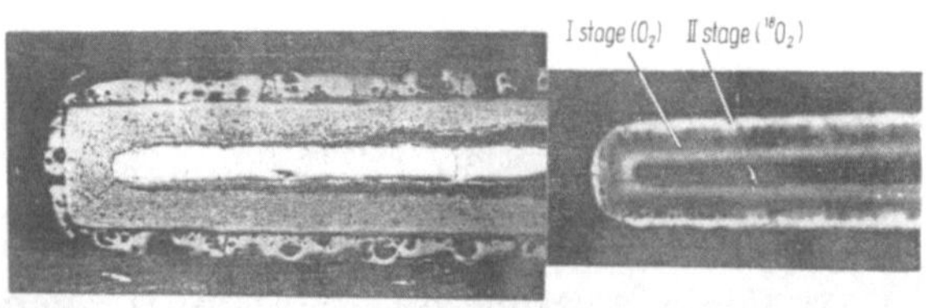

Fig. 3. Microfotograph and autoradiographe of the metallographic cross-section for a sample of Co – 25% Cr alloy oxidized for 26 h in O_2 and 72 h in $^{18}O_2$ (1040 °C) [11]

Simultaneous oxidation and sulfidation

High-temperature corrosion of metals and alloys in air or in combustion gases which contain sulfur oxides may involve simultaneous oxidation and sulfidation, and when this occurs, reaction rates are considerably faster then in oxygen alone. This has promoted a great interest in studies of the behaviour of metals and alloys in gases such as SO_2, SO_2 + air and similar atmospheres. Studies involving unalloyed metals have focused so far on metals being base components of high-temperature alloys, i.e. iron, cobalt and nickel.

Scales formed on cobalt in SO_2 atmosphere consist of an inner sulfide layer and an outer oxide-sulfide one. At 900 °C (above the eutectic point) in the metal consumption zone there appears a molten layer composed of metal – sulfide and sulfide – oxide eutectics. The mechanism of cobalt oxidation in SO_2 has not been fully clarified [10].

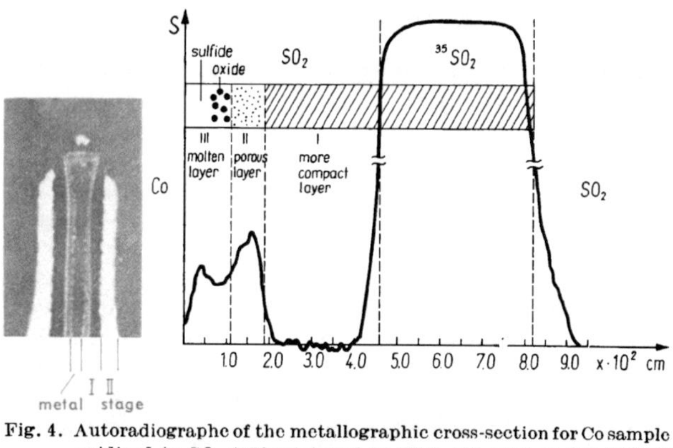

Fig. 4. Autoradiographe of the metallographic cross-section for Co sample oxidized in SO_2 (150 min) and in $^{35}SO_2$ (90 min) at 800 °C [10]

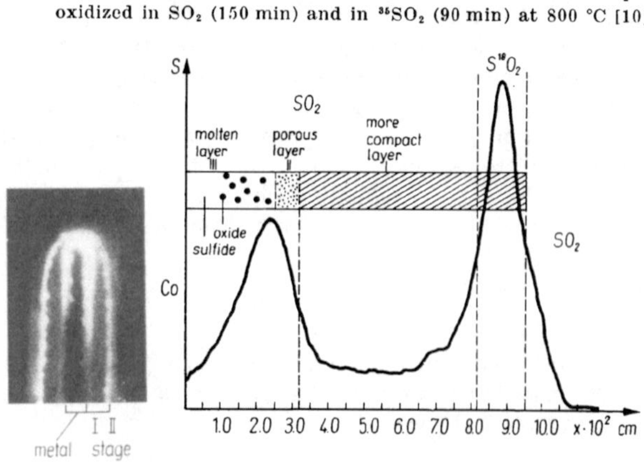

Fig. 5. Autoradiographe of the metallographic cross-section for Co sample oxidized in SO_2 (180 min) and in $S^{18}O_2$ (45 min) at 900 °C [10]

Two-stage oxidation experiments with the use of $^{35}SO_2$ and $S^{18}O_2$ have been carried out. Fig. 4 and 5 show the autoradiographs of the samples of cobalt oxidized with the use $^{35}SO_2$ and $S^{18}O_2$, respectively, and optical density curves for these autoradiographs, illustrating concentration profiles of labeled oxidant in the scale. The non-uniform exposure of the autoradiograph in Fig. 5 is a result of varying flux density of protons bombarding the cross-section of the sample. Similar distribution of sulfur-35 and oxygen-18 in the scales indicates that inward penetration of SO_2 molecules takes place and not that of O_2 and S_2 resulting from dissociation of SO_2.

Concluding, one can state that the autoradiographic studies of oxidation of metals and alloys provide important information for the explanation of the mechanism of scale growth.

Received December 21, 1984
Accepted in revised form February 12, 1985

References

[1] *A. Brückman, S. Mrowec, T. Werber*, Fizika Metall. **15** (1963) 362
[2] *A. Brückman, J. Romański*, Corrosion Sci. **5** (1965) 185
[3] *A. Brückman*, Corrosion Sci. **7** (1967) 51
[4] *S. Mrowec*, Corrosion Sci. **7** (1967) 563
[5] *J. B. Holt, L. Himmel*, J. Electrochem. Soc. **116** (1969) 1569
[6] *A. Brückman, R. Emmerich, S. Mrowec*, Oxid. Met. **5** (1972) 137
[7] *J. M. Blair, J. J. Leigh*, Phys. Rev. **118** (1960) 495
[8] *R. J. Howerton* et al., Threshold of Nuclear Reactions (University of California, Lawrence Radiation Laboratory, Livermore 1964)
[9] *A. Brückman, J. Gilewicz-Wolter*, Arch. Hutnictwa **10** (1965) 103
[10] *J. Gilewicz-Wolter, K. Kowalska*, Oxid. Met. **3/4** (1984) 101
[11] *K. Przybylski*, to be published

Isotopenpraxis 21 (1985) 10, S. 367 bis 369

Construction and Examination of Collimators Identyfying Position of Radiation Sources Designed to Estimate the Agricultural Machine Functionality with a Sower as an Example

M. Radwan, W. Gorączko

(Techn. Univ. of Poznan, Inst. of Machines Technology, Isotope Laboratory)[1])

A measure of functionality of agricultural sower is the layout of grains sown in the soil and labelled by radioisotope a method. To determine the precise position of the grains which are sown is a figure of merite. To resolve the problem, a detection system with focusing multihole collimator was used. A probe with collimator travelled on a self-propelled carriage. The detector pulses were ratio transmited to the field isotope lab. To label the grains of cereals, cucumber and beet the isotope ^{99m}Tc obtained from Mo – Tc generator was applied.

Ein Maßstab für die Funktionstüchtigkeit einer landwirtschaftlichen Drillmaschine ist die Verteilung von radioaktiv markierten Samenkörnern nach der Aussaat über den Boden. Das Gütemerkmal besteht dabei in der Ermittlung der genauen Position der ausgesäten Körner. Zur Lösung dieses Problems wurde ein Nachweissystem mit einem Mehrspalt-Kollimator eingesetzt. Eine Sonde mit einem Kollimator bewegte sich auf einem selbstfahrenden Wagen. Die Detektor-Impulse wurden per Funk zum Feld-Isotopenlaboratorium übermittelt. Für die Markierung der Samen von Hülsenfrüchten, Gurken und Rüben wurde mit Hilfe eines Mo – Tc-Generators erzeugtes ^{99m}Tc verwendet.

Keywords

agriculture; beets; cereals; collimators; cucumbers; cultivation techniques; radioisotopes; radioisotope scanning; technetium 99m

The collimators constitute an important group of nuclear detection systems in the experimental and industrial equipment used to measure an ionizing radiation. The ionizing radiation includes an corpuscular radiation (α, β, p, ions) and electromagnetic radiation (γ-, X-rays). From technical point of view, collimation of measurements is very significant in the form of collimators designed for gamma radiation.

Basic task for collimators of many types is to select gamma radiation emitted from the object under consideration. The selection is realized as follows: gamma radiation beams whose directions are agreed with those of collimator holes are applied to the detector (scintillation crystal) surface, then the scattered radiation arising in collimator as well as background radiation are eliminated as strongly as possible. Now, many types of collimators are used to detect gamma radiation. These types may be analysed taking different characteristics into account: energy of measured gamma radiation, the shape and number of holes in collimator, and the "optics", i.e. the construction (the focusing, divergent, parallel or slot collimators).

The collimation of beam is obtained by the appropriate construction of collimator channels. The parameters determining the main collimator properties are: sensitivity, resolution, Modulation Transfer Function (MTF), size of the field of view, focal length. As the collimators constitute an integral part of detection system, the quantities described below reffer to whole measure systems (including collimator).

1. Sensitivity of apparatus including collimator

Sensitivity of apparatus (S) is defined as a number of pulses recorder in a time unit (1 minute, for instance) and coming from the source with unitary activity —

[1]) Address: PL-60-965 Poznan, Poland – Piotrowo 3

— 1 MBq (i.e. 27 μCi). This may be written:

$$S = 60 \times n \times e \times E \times 10^6 \quad \text{pulse/min}$$

where: n — factor of gamma radiation contribution for one disintegration act
e — yield of detector
E — geometric yield of collimator

Geometric yield of collimator (E) is a parameter describing given construction of collimator. It is defined as a ratio of number of primary quants gamma passing through collimatorholes (I_γ) to the total number of quants gamma emitted by the source (I_γ^{TOT}), i.e.:

$$E = \frac{I_\gamma}{I_\gamma^{TOT}}$$

2. Resolution

Resolution is the minimum distance between two radioactive objects that can still be distinguished as two distinct by the collimator. More strictly, the resolution is defined by the width of line spread function of a collimator for the point source (full width, half maximum-FWHM). The resolution depends on source-detector distance. The higher resolution (i.e. FWHM is smaller) — the better detection system with collimator. The total resolution (R_{TOT}) includes two functions: collimator resolution (R_k) and the scintillation crystal yield (R_{NaJ}) which are related to each other in following manner:

$$R_{TOT}^2 = R_k^2 + R_{NaJ}^2$$

3. Modulation Transfer Function — MTF

MTF determines the ability to image the unitary activity element by a detection system and is one of the most significant parameters describing the measurement quality. As MTF depends strongly on the source-detector distance, the detection system is to be characterized by a whole family of curves, each corresponding to predeterminated plane parallel to the surface of collimator front. Omitting the effects of scattered and penetration radiations, the MTF may by approximated by Gaussian curve (*Gaussian* distribution).

The MTF is used to find resolution of equipment (together with collimator).

When selecting the collimator type, one should remember the task which is to be realized. However, the results cited in [1, 2], as well as our experiments have shown that the focusing versions with the holes in the shape of conic with hexagonal base ("honey camb") give the best characteristics, i.e. the highest sensitivity and resolution, as well as the precisely determinated field of view.

We have been interested in a sower functionality, a measure of which is an appropriate lay-out of grains in the soil, the grains have been labelled using radioisotope. Thus, we have stated a detection system equipped with a focusing multihole collimator is the best one to perform a precise localization of particular grains.

Outline of methods of designing the focusing constructions

As a measured gamma-radiation may be of a wide spectrum, three independent designing directions exist:

a) below 150 keV — the easiest case for which a small amount of gamma quants may penetrate through a thin Pb wall,

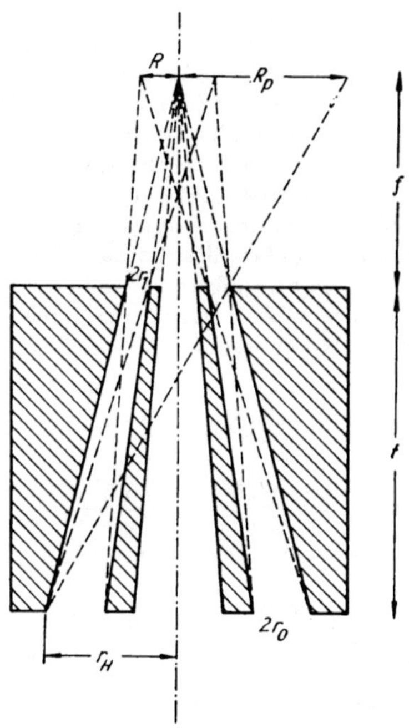

Fig. 1. Cross-section of focusing collimator with seven holes placed hexagonally

b) 150 keV — 1 MeV range, the part of gamma radiation passing through collimator walls can not be omitted. In this range the following parameters become those of importance: collimator material, focal length, radius of the field of view, crystal diameter.

c) above 1 MeV — at this energy range it is not always possible to design a multichannel collimator having an acceptably low penetration fraction.

As the labelling of the grains sown was carried out using isotope ^{99m}Tc ($T_{1/2} = 6$ h) with energy $E_\gamma = 142$ keV, we are discussing here a design of low-energy collimators only (i.e. point **a**). The general principles of designing are more evident when looking to Fig. 1 showing the cross-section of focusing collimator with seven holes places in hexagonal form. The focusing collimator may be treated as a system of singular one-hole collimators, the symmetry axis of these singular collimators have one section point (or one focal plane). For gamma quants with energy lower than 150 keV (for collimator presented on Fig. 1), only the radiation sources placed inside a circle with radius R are "looked". In this case, a formula describing the maximum value of geometrical yield (E) obtained for one-hole conical collimator may be used multiplied by N (i.e. multiplied by the number of holes) [3]:

$$E = \{[\pi \cdot R^4]/[16 \cdot f^2(2 + R/r)^2]\} \cdot N \tag{1}$$

where: R — radius of field of view,
f — focal length,
r — radius of the circle of a base of conical hole ($r = tR/2f$),
t — collimator length,

These parameters are fixed.

If we desire to take also other coefficients under consideration, i.e.: S — thickness of wall (septa) between holes and D — diameter of scintillation crystal, the expression describing geometrical yield of collimator takes the form as follows [1]:

$$E = \frac{3\pi \cdot R^4 \cdot D^2}{64 \cdot f^2(2 + R/r)^2 (2r + S)^2} \qquad (2)$$

The formula written above is true when $D \gg S$ and $N \gg 1$.

It is worth to remark that in the formula (2) we have no symbol N denoting a number of holes because:

$$N = \frac{3n^2 + 1}{4} \approx \frac{3D^2}{4(2r + S)^2}$$

and it may be observed in formula (2).

Analysis of function E described by (2) leads to conclusion that for fixed values: R, f, S and D, the E attains the maximum value at $2r = (RS)^{1/2}$.

This relation enables to find the value of variables: t, N, E_{max}:

$$t = f(S/R)^{1/2}\,; \qquad N \cong \frac{3D^2}{4(\sqrt{RS} + S)^2}\,;$$
$$E_{max} = \frac{3\pi \cdot R^4 \cdot D^2}{256 \cdot f^2(\sqrt{R} + S)^4} \qquad (3)$$

For instance, taking $R = 0{\cdot}5$ cm, $f = 5$ cm, $S = 0{\cdot}1$ cm, $D = 5$ cm, we obtain: $2r = 0{\cdot}224$ cm, $r = 2{\cdot}24$ cm, $N = 179$ holes and $E_{max} = 2{\cdot}09 \cdot 10^{-3}$ cm².

From this example we may draw a conclusion that using a method described above we are obliged to construct collimators with a great number of small holes. There is a formula which permits to find a number n (where n denotes number of holes on diameter) enabling to obtain the value E as close as possible to the value E_{max} [3],

$$E = \frac{\pi \cdot R^4(3n^2 + 1)}{256 \cdot f^2[R \cdot n/(D - S(n - 1)) + 1]^2} \qquad (4)$$

where $n = 1, 3, 5, 7, \ldots$

Proceeding in this manner we can reduce the number of holes to $N = 166$, i.e. of about 7%.

There also exists another method of determining more quickly the optimal characteristics of collimator. It is a graphical method based on the constancy of two quantities: P (contribution of penetration radiation to the total number of quants measured by detector) and K (so-called "shape factor") relating to the function $(f\lambda)$ being a product of focal length and the attenuation of gamma radiation λ by a collimator material. Fig. 2 shows a function $(f\lambda)$ versus (R/r) for different values of N, and a function (f) for different values of gamma quants energy. In addition, a function $E/(\pi R^4/16f^2) = N/(2 + R/r)^2 = k \cdot \tau$ versus (R/r) is shown [3].

Example: We construct collimator for ^{203}Hg (279 keV) assuming $f = 9$ cm, $R = 1{\cdot}125$ cm. Starting from the point $f = 9$ cm (4 inchae) – ("a"), $(f\lambda)$ is equal to 51 for $E_\gamma = 279$ keV ("b"). On curve $(f\lambda)$, for $N = 7$ and $N = 19$, this value meets the points ("c"), ("d"). The point ("c") has no practical significance for $N = 7$, whereas for $N = 19$ and $(f\lambda) = 51$, $(R/r) = (2f/t) = 3$ (point "e"), and a function $E/(\pi R^4/16f^2) = 0{\cdot}75$ (point "f").

For other values of P and K we proceed in similar manner, although different nomograms are to be used. For other values of gamma quants energy (for ex. for ^{99m}Tc – 142 keV) the other curves should be considered.

As we stated above, the measure of satisfactory action of a sower is an uniform lay-out of grains sown in the soil. To identify this lay-out we applied two focusing multichannel collimators which were different in following parameters: size of holes and fashion of realization. Let us compare the parameters calculated for two constructions [Fig. 3].

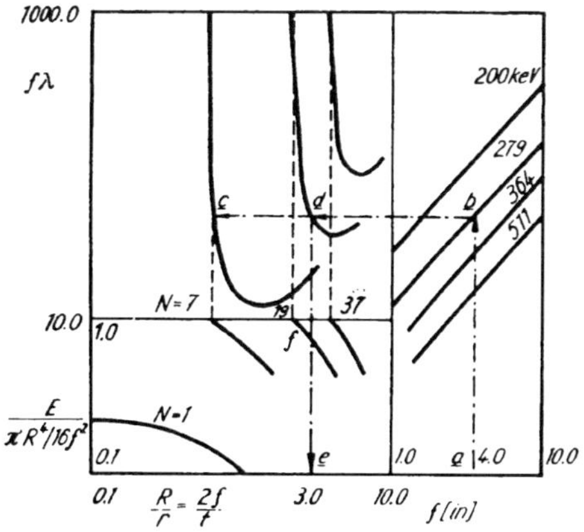

Fig. 2. Graphical procedure for designing collimators having $P = 0{\cdot}01$ and "shape factor" $K = 1$ [3]

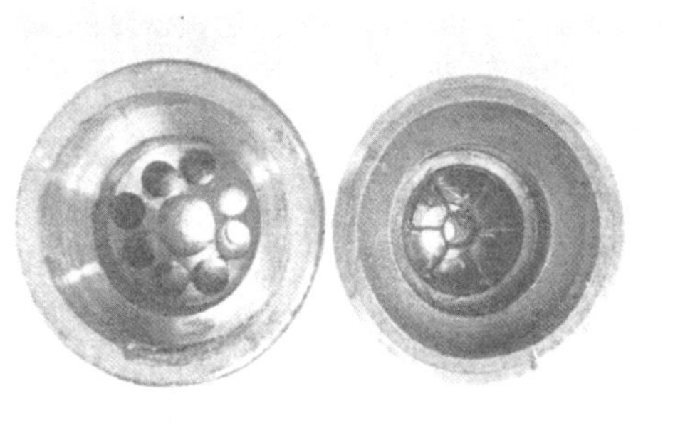

Fig. 3. Comparison between "gluing-version-A" and "casting-version-B"

A – gluing-version	B – casting-version
N = 7 holes	N = 9 holes
f = 6·4 cm	f = 6·4 cm
D = 4·6 cm	D = 4·6 cm
S = 0·1 cm	S = 0·1 cm
	$2r$ = 1·3 cm
t = 5·6 cm	t = 5·6 cm
R = 1·0 cm	R = 1·257 cm
E = 7·199 × 10⁻³ cm²	E = 6·26 × 10⁻³ cm²

Comparing both collimator construction we may note that a geometrical yield is higher of about 13% in 7-holes gluing-version than in 9-hole casting-version. In addition, the troubles in realization of the casting appears in version B, so this version was rejected.

The detection system with collimator have been tested in laboratory conditions (in the soil channel) as well as in the field. Collimator working with the equipment has been located on the self-propelled carriage which traveled on ways parallel to each other in the field on which the sowing was carried out. The detector pulses have been radiotransmited to the field interpretation lab. The results obtained had a form of digital curve (printer) and of analogue curve (recorder). The accuracy of determination of particular grain position in the soil was equal to 1·0 cm approximately.

Received October 17, 1984

References

[1] *G. L. Browell*, Radioisotope scanning, In: "Medical Radioisotope Scanning – 1964", Proc. Series – STI/PUB/82 – IAEA, Vienna 1964

[2] *K. Abraham*, Isotopenpraxis 7 (1971) 369

[3] *R. N. Beck*, A theory of radioisotope scanning systems. In: "Medical Radioisotope Scanning – 1964", Proc. Series – STI/PUB/82 – IAEA, Vienna 1964

Isotopenpraxis 21 (1985) 10, S. 370 bis 371

Aus der Praxis
Zusammenarbeit mit der UdSSR auf dem Gebiet der Beschleunigertechnik

Keywords

accelerator facilities; COMECON; German Democratic Republic; USSR

Die zunehmende Bedeutung der Anwendung von Teilchenbeschleunigern in der Medizin und der Industrie soll Anlaß sein, einen kurzen Überblick über den Stand und die Perspektiven der Zusammenarbeit mit der UdSSR bei der Entwicklung, der Produktion und dem Import von Beschleunigeranlagen für den Einsatz in diesen Bereichen zu geben. Dabei ist nicht beabsichtigt, auf technische Einzelheiten einzugehen.

Im Bereich der Forschung werden Beschleuniger aus der UdSSR schon seit vielen Jahren eingesetzt, z.B. das Zyklotron U-120 im ZfK Rossendorf sowie die Elektronenbeschleuniger ELT-1,5 im Institut für Technologie der Polymere Dresden und ELIT-1 im ZfI Leipzig.

Mitte der siebziger Jahre begann der verstärkte Einsatz von Linearbeschleunigern im Bereich Medizin in der Strahlentherapie. Zunächst erfolgte der Import des „Neptun-10p" aus der VRP mit maximal 10 MeV Elektronenenergie. Für eine breite und erfolgreiche Anwendung der Elektronentherapie sind jedoch höhere Elektronenenergien erforderlich. So wurde bereits 1976 der erste Vertrag mit der UdSSR zur Lieferung des medizinischen Linearbeschleunigers LUE-15M, der im Wissenschaftlichen Forschungsinstitut für elektrophysikalische Apparaturen (NIIEFA) Leningrad entwickelt wurde, abgeschlossen. Die Inbetriebnahme erfolgte 1980 in der Friedrich-Schiller-Universität Jena. 1982 und 1984 folgten weitere Inbetriebnahmen dieses Typs in der Wilhelm-Pieck-Universität Rostock bzw. der Martin-Luther-Universität Halle.

Der LUE-15M erzeugt Elektronen mit Energien zwischen 10 und 20 MeV bei einer maximalen Dosisleistung von 5 Gy/min sowie Bremsstrahlung von 15 MeV, wobei in 1 m Abstand vom Target eine Dosisleistung von 3 Gy/min erreicht wird.

Zur langfristigen Sicherung der Lieferungen von Beschleunigern wurde 1981 ein Abkommen zwischen UdSSR und DDR abgeschlossen. Schwerpunkt in diesem zunächst bis 1990 gültigen Abkommen bilden die Lieferungen von Linearbeschleunigern für die Strahlentherapie, für industrielle Anwendungen sowie für Forschungszwecke. Gleichzeitig ist die Erweiterung der Produktionsbasis für Beschleuniger im NIIEFA Leningrad sowie die Koordinierung aller weiteren Aktivitäten der Zusammenarbeit vorgesehen.

Zur Zeit befindet sich im NIIEFA Leningrad eine neue Typenserie von Linearbeschleunigern für die Strahlentherapie — LUER-5M, 20M und 40M — in der Entwicklung. Die Zahlen in der Typenbezeichnung entsprechen den maximalen Elektronenenergien. In die Konzeption für diese Beschleuniger sind auch die in der DDR gesammelten Erfahrungen beim Betrieb des LUE-15M eingeflossen und die Forderungen unserer Ärzte weitestgehend berücksichtigt. Zur Zeit ist die Entwicklung des Typs LUER-20M am weitesten vorangeschritten. Seine Hauptparameter werden folgende sein:

Elektronenstrahlung

— Energie der Elektronen (regelbar in Stufen von 2,5 MeV)	5—20 MeV
— Dosisleistung, max.	5 Gy/min
— Feldgröße, max.	25 cm × 25 cm
— Inhomogenität der Dosisverteilung	±5%

Bremsstrahlung

— Grenzenergie	5 und 18 MeV
— Dosisleistung, max. (1 m Abstand vom Target)	3 Gy/min
— Feldgröße, max.	40 cm × 40 cm
— Inhomogenität der Dosisverteilung	
bei Feldgröße 30 cm × 30 cm	±3%
bei Feldgröße 35 cm × 35 cm	±5%

Ab 1985 ist auf der Grundlage des Beschleunigerabkommens im Rahmen der wissenschaftlich-technischen Zusammenarbeit die Entwicklung eines EDV-gesteuerten Strahlentherapiekomplexes geplant, in dem die o. g. LUER-Beschleuniger zum Einsatz kommen werden. Der Beitrag der DDR wird auf dem Gebiet der Entwicklung der EDV-Systeme liegen.

Neben den medizinischen Beschleunigern sind im Zeitraum bis 1990 auch Beschleuniger für spezielle industrielle Anwendungen, die bei einer Beschleunigungsspannung von 1,2 und 2,5 MeV eine Strahlleistung von 80 bzw. 60 kW erreichen sowie Minizyklotrone (10—12 MeV) für die Herstellung kurzlebiger Isotope für die Nuklearmedizin vorgesehen.

Das Fertigungsprogramm des NIIEFA geht natürlich weit über die hier genannten Beschleunigertypen hinaus. Genannt werden sollen hier noch die industriellen Beschleuniger der LUE-Reihe, die mit Energien bis 15 MeV zur Sterilisation, Aktivierungsanalyse, Strahlenmodifizierung und Strukturuntersuchung eingesetzt werden, sowie die linearen Induktionsbeschleuniger (LIU), mit denen hohe Impulsströme bis zu einigen tausend Ampere erzeugt werden können.

Es ist bekannt, daß es neben dem NIIEFA Leningrad weitere bedeutende Zentren der Bechleunigertechnik in der UdSSR gibt, von denen hier nur noch das Institut für Kernphysik in Novosibirsk erwähnt werden soll. Für strahlentechnologische Prozesse werden in Novosibirsk folgende drei Typenreihen produziert:

— ELIT: Hochspannungs-Impuls-Beschleuniger
Der Typ ELIT-3A hat eine Energie von 3 MeV und erreicht einen Strom von 50 A während einer Impulsdauer von 10 μs.

- ELV: Die ELV-Typen sind Gleichrichterbeschleuniger mit Elektronenenergien von 0,4 bis 1,5 MeV und einer Strahlleistung von 20 bis 50 kW.
- ILU: Die ILU-Beschleuniger arbeiten mit einem Hochfrequenzresonator. Die Elektronenenergie kann in einem weiten Bereich von 0,5 bis 2 MeV variiert werden. Die Strahlleistung beträgt 20 kW.

Die bisher mit der UdSSR getroffenen Vereinbarungen und abgeschlossenen Verträge sowie die abgestimmten perspektivischen Konzeptionen sichern für die DDR die kontinuierliche Erweiterung des Einsatzes von Teilchenbeschleunigern in der Medizin und wichtigen Bereichen der Volkswirtschaft, stellen uns aber gleichzeitig die verantwortungsvolle Aufgabe, die unsererseits übernommenen Verpflichtungen qualitäts- und termingerecht zu erfüllen.

H. Hochschild
Isocommerz GmbH, Leipzig
DDR-7050 Leipzig, Permoserstr. 15
Eingegangen am 6. 2. 1985

Isotopenpraxis 21 (1985) 10, S. 371 bis 372

Buchbesprechungen

Die Entdeckung des Kosmos
Geschichte und Zukunft astronomischer Forschung

M. Harwit, mit einem Vorwort zur dt. Ausgabe von R. Lüst. München — Zürich: R. Piper & Co. Verlag 1983. 405 S., 77 Abb., 20 Tab.; geb. DM 58,—

Die Astronomie dürfte wohl mit eines der ältesten Wissensgebiete sein, die der naturbeobachtende Mensch betrieb, in geeigneter Form aufzeichnete und den folgenden Generationen weiter vermittelte. Planeten, Kometen und Novae-Ausbrüche dürften seiner Aufmerksamkeit kaum entgangen sein. Als aber *Galileo Galilei* mit seinem selbstgebauten und in seiner Zeit besten Fernrohr in der ersten Stunde des 7. Januar 1610 seine Augen auf den Jupiter richtete, entdeckte er gleich drei Jupiter-Monde (am 13. Januar 1610 den vierten Mond), seitdem sind die Astronomie und die astronomischen Entdeckungen untrennbar mit Fortschritten in der Gerätetechnik verbunden. Erst durch die ungeheure Ansammlung von Beobachtungs-Daten in der Astronomie und Entdeckungen in der Physik, insbesondere der Kernphysik, ist auch eine theoretische Grundlage geschaffen worden, die ordnend und nach theoretischen Voraussagen suchend der Astronomie zur Seite steht.

Der Autor des Buches, Professor für Astronomie an der Cornell-University in Ithaca, hat, beginnend mit dem Einsatz des *Galilei*schen Fernrohrs, insgesamt 43 kosmische Phänomene untersucht, den Zeitpunkt ihrer Entdeckung und die Zeitabstände dazwischen betrachtet und die Frage nach noch unbekannteren Entdeckungen gestellt. Die Beantwortung dieser vielleicht erschreckenden Frage geschieht durch die Einführung eines Phasenraumes der Beobachtungen, und neue, auffallende Phänomene liegen immer dann vor, wenn die einzelnen Beobachtungsmerkmale um mindestens 3 Größenordnungen überschritten werden. Dabei müssen doppelt oder gar dreifach unabhängig entdeckte Phänomene berücksichtigt werden, und der Autor kommt auf verschiedenen Wegen zu einer Gesamtzahl an kosmischen Phänomenen von rund 130, wovon wir heute die 43 wohldefinierten und näher betrachteten Phänomene kennen — also gibt es noch manches zu entdecken.

Interessant sind auch die Analysen des Autors: wer, aus welcher Berufsgruppe, Entdeckungen gemacht hat und wie hoch der Anteil an neuen Instrumenten bei der Entdeckung war. So sind von 1954—1979 die Physiker stärker an den Entdeckungen beteiligt als die Astronomen, und im gleichen Zeitraum waren die eingesetzten Geräte nicht älter als 5 Jahre. Man wünscht sich, eine solche Analyse auch auf andere Wissensgebiete angewendet zu finden.

Einen umfangreichen Teil widmet der Autor auch den Fragen der Wissenschaftsplanung und Finanzierung der Forschung, allerdings auf die Verhältnisse in den USA projiziert. Hier fällt manches kritische Wort, und es werden 13 Empfehlungen begründet formuliert, die zum Nachsinnen Anlaß geben. *M. Harwit* meint, daß die Entdeckungen neuer Phänomene oft durch Zufall zustande kämen — hat nicht *Lichtenberg* in einem seiner Aphorismen gesagt, daß die Astronomie vielleicht diejenige Wissenschaft sei, worin das wenigste durch Zufall entdeckt würde ? Oder haben sich seither die Zeiten so verändert, daß beide recht haben ? Ein schönes, anregendes und weit über den Titel hinausgehendes Buch, das am klassischen Fall der Astronomie eine Entdeckungsgeschichte darstellt, die das noch Unbekannte erraten und eingrenzen will. Es ist flüssig geschrieben und mit Fakten untermauert, die nur mit großer Mühe zusammengestellt werden konnten. *H. Hübner*

Experiment — Theorie — Praxis
Aufsätze und Reden

P. L. Kapiza, bearb. u. hrsg. von G. Lotz u. Mitarb., übersetzt von Chr. Winterstein. Berlin: Akademieverlag 1984. 435 S., 38 Abb., 2 Tab., 131 Lit. (Beitr. zur Forsch.-Technol. Sonderbd. 3); Leinen M 54,—

Mit dieser in der Gestaltung recht ansprechenden Edition liegt (nun endlich) die mittlerweile in der Sowjetunion bereits in 3. Auflage erschienene Sammlung von über 40 Reden, Vorträgen und gemeinverständlichen Aufsätzen des im vorigen Jahr hochbetagt verstorbenen sowjetischen Physik-Nobelpreisträgers *P. L. Kapiza* in deutscher Übersetzung vor. Eingeleitet durch eine Kurzbiographie (von *A. S. Borowik-Romanow*) sind die einzelnen Artikel in 7 Komplexe etwa folgender Thematik zusammengestellt: I) Wissenschaftliche Arbeiten Kapizas, II) Berichte über das von Kapiza gegründete und von ihm viele Jahre lang geleitete „Institut für physikalische Probleme“, III) Wissenschaftstheoretische und -organisatorische Fragen, IV) Beiträge zur Physik-Didaktik, V) Über Kapizas langjährigen Lehrer *Rutherford*, VI) Über andere Wissenschaftler (*Lomonossow*, *Franklin*, *Langevin*, *Pawlow*, *Einstein*, *Friedmann*, *Landau*), VII) Zu soziologischen und globalen Problemen der Wissenschaft. Alle Artikel sind mit den erforderlichen Quellenangaben und teilweise mit Literaturzitaten versehen. Neben einem ausführlichen Personenregister bildet eine Bibliographie von 78 Originalarbeiten Kapizas eine wichtige Ergänzung.

Im breiten Spektrum der behandelten Probleme findet sich eine reiche Palette von Informationen und klugen Gedanken. Wie Kapiza schwierige physikalische Zusammenhänge populärwissenschaftlich darstellt oder in welcher Weise er Charakterzüge und wissenschaftliche Leistungen bedeutender Wissenschaftler kommentiert, ist sehr lesenswert. Für einen breiten Leserkreis gewinnbringend wird aber insbesondere die Rezeption der mit großer Klarheit formulierten Ansichten Kapizas über Schöpfertum und wissenschaftsorganisatorische Probleme sein, die, obwohl teilweise auf die damalige aktuelle Situation bezogen (wobei mit Kritik nicht gespart wurde), i. allg. heute noch ganz aktuell sind. Neben der Fülle von interessanten Fakten, Einschätzungen, förderlichen Impulsen und Denkanstößen vermittelt die Lektüre der vielfach durch ihre zwanglose Unmittelbarkeit besonders ansprechenden Artikel auch ein Bild der Persönlichkeit des Autors: Man erhält einen Eindruck von Kapizas mit ungewöhnlichen technischen Fähigkeiten gepaarter schöpferischer Originalität, von seiner gediegenen Bildung und seinem Traditionsbewußtsein, seinem Weitblick und seinem Organisationstalent, seiner Unermüdlichkeit und persönlichen Integrität und nicht zuletzt von seinem tiefen Verantwortungsbewußtsein für die Wissenschaft und ihren Einfluß auf die menschliche Gesellschaft.

Aus den angedeuteten Gründen kann die Lektüre des Werkes — trotz des im Vergleich zum russischen Original relativ hohen Preises — nicht nur jedem Physiker uneingeschränkt empfohlen, sondern darüberhinaus allen an Problemen der Wissenschaftsorganisation, an den Wechselbeziehungen von Theorie, Experiment und Praxis interessierten bzw. dafür verantwortlichen Wissenschaftlern sehr nahegelegt werden.

K.-P. Dostal

Handbuch Meßtechnik und Qualitätssicherung

D. Hofmann. Braunschweig/Wiesbaden: Vieweg & Sohn 1983, 498 S., 242 Tafeln; geb. DM 64,—

Die Meßtechnik gewinnt in nahezu allen Bereichen der Wirtschaft zunehmend an Bedeutung. Sie trägt wesentlich dazu bei, die Gewinnungs- sowie Ver- und Bearbeitungsprozesse technologiegerecht und zum Teil automatisch zu führen, Anlagenparameter zu regeln sowie die Diagnostik im weitesten Sinne zu erleichtern und zu präzisieren. Auf die daraus resultierenden Ergebnisse wie Sicherung der Produktqualität, Senkung von Materialverlusten, Energieeinsparung, Produktivitätserhöhung, Arbeitskräftereduzierung u. a. m. kann eine Volkswirtschaft nicht mehr verzichten.

Die zahlreichen, bisher über die Meßtechnik erschienenen Bücher handeln dieses weit gefächerte in sehr schneller Entwicklung befindliche und nicht nur deshalb schwer umfassend überschaubare Fachgebiet nach recht unterschiedlichen Gesichtspunkten ab. Umgekehrt werden vom Benutzer je nach dessen Stellung zur Meßtechnik auch verschiedene Aussagen von einem solchen Buch erwartet, so daß es dem einen Fachmann ein sehr gutes Hilfsmittel in seiner Tätigkeit sein kann, während es dem anderen nur wenig nützt.

Mit dem vorliegenden Werk wurde versucht, nahezu die gesamte Breite des Fachgebietes darzulegen. Es beginnt bei betriebsorganisatorischen Fragen wie der Einordnung des Meßwesens in die Produktion, der Anwendung von betrieblichen Vorschriften für die Meß- und Prüfprozesse und der betrieblichen, ja sogar staatlichen Verantwortung für das Meßwesen. Nach einer Definition von Grundbegriffen der Meßtechnik und Behandlung der metrologischen Grundlagen werden die verschiedenen Meßsignale und -systeme allgemein beschrieben. Die Erläuterung von Aufbau und Wirkungsweise analoger und digitaler Meßgeräte und von Meßautomaten sowohl für den Labor- als auch den Betriebseinsatz schließen einen ersten großen Komplex des Buches ab. Einige weitere Abschnitte sind der Mathematik der Meßtechnik, des Meßobjektes an sich und der Beprobung gewidmet. Der umfangreichste Komplex des Buches befaßt sich schließlich mit der Messung der einzelnen Größen selbst. Dabei werden für diese getrennt zunächst die in der DDR und in der BRD gültigen wichtigsten Standards aufgeführt und die verschiedenen Meßprinzipien und Meßgeräte kurz beschrieben.

Der Autor bedient sich überwiegend einer sehr kurzen Ausdrucksweise und bringt wesentliche Details der Meßverfahren in zahlreichen kombinierten Bild-Wort-Tafeln, die z.B. die Meß- und/oder Bauprinzipien, Meßbereiche, Meßunsicherheiten, spezielle Vor- und Nachteile u. a. m. enthalten.

Das Buch liefert auf engstem Raum außerordentlich viele Informationen über das gesamte Gebiet der Meßtechnik, wobei Lücken und Verständigungsprobleme nicht ausbleiben können. Für einen Leser, der sich mit der Entwicklung und Einführung radiometrischer Verfahren beschäftigt, fällt jedoch ins Auge, daß diese ihrer gegenwärtigen Bedeutung in einigen wichtigen Industriezweigen entsprechend allzu lückenhaft, zum Teil auch falsch und unglücklich formuliert zu finden sind. Speziell im letzten Komplex sind einige große Lücken vorhanden, indem z.B. fast nichts zur nach so vielen Prinzipien, u. a. auch radiometrisch lösbaren Niveaumessung, ebenso zur gleichfalls radiometrisch vielfach äußerst eleganten und störunanfälligen Dichtemessung oder zum großen Gebiet der Gehaltsbestimmung gesagt ist.

Der Praktiker wird es nicht immer leicht haben, unter Zuhilfenahme des vorliegenden Buches aus einer meist größeren Zahl von Möglichkeiten das für seinen speziellen Fall vorteilhafteste Meßverfahren herauszufinden. Es sollte aber als Nachschlagewerk zur allgemeinen, z. T. aber auch speziellen Orientierung über meß- und prüftechnische Fragen gute Dienste leisten.

J. Holzhey

Lexikon der Kybernetik

Im Auftrag des Zentralinstituts für Kybernetik und Informationsprozesse der Akademie der Wissenschaften der DDR herausgegeben von GÜNTER LAUX

(Übersetzung aus dem Russischen)

Band I: A–E

1980. 755 Seiten — 120 Abbildungen — 1 Falttafel — 19 Tabellen — 14,7 cm × 21,5 cm — Lederin DDR 70,— M; Ausland 70,— DM
Bestell-Nr. 762 192 0
Bestellwort: Lex. Kyb. (6297/1)

Band II: F–L

1981. 642 Seiten — 135 Abbildungen — 15 Tabellen — 14,7 cm × 21,5 cm — Lederin DDR 60,— M; Ausland 60,— DM
Bestell-Nr. 762 193 9
Bestellwort: Lex. Kyb. (6297/2)

Band III: M–R

1981. 704 Seiten — 123 Abbildungen — 12 Tabellen — 14,7 cm × 21,5 cm — Lederin DDR 65,— M; Ausland 65,— DM
Bestell-Nr. 762 601 9
Bestellwort: Lex. Kyb. (6297/3)

Band IV: S–Z

1981. 589 Seiten — 97 Abbildungen — 16 Falttafeln — 14,7 cm × 21,5 cm — Lederin DDR 55,— M; Ausland 55,— DM
Bestell-Nr. 762 602 7
Bestellwort: Lex. Kyb. (6297/4)

Neu:
Band V: Ergänzungsband

1985. 560 Seiten — 97 Abbildungen — 14 Tabellen — mit Abkürzungs- und mehrsprachigem Schlagwortverzeichnis — 14,7 cm × 21,5 cm — Lederin DDR 60,— M; Ausland 60,— DM
Bestell-Nr. 763 407 8
Bestellwort: Lex. Kyb. (6297/E)

Bitte richten Sie Ihre Bestellungen an eine Buchhandlung

AKADEMIE-VERLAG · BERLIN
DDR-1086 Berlin, Leipziger Str. 3–4

ISOTOPENPRAXIS

Band 21 — 1985 — Heft 10

		Contents	Inhalt

►Language of Publication — ►Publikationssprache

Isotopenpraxis is indexed in Current Contents/PC & ES, Science Citation Index, and INIS Atomindex

FSC www.fsc.org MIX Papier | Fördert gute Waldnutzung FSC® C083411

Zeitfracht Medien GmbH
Ferdinand-Jühlke-Straße 7
99095 Erfurt, Deutschland
produktsicherheit@kolibri360.de